卡通胡子

人格影响一生

李跃儿 著

国际文化出版公司
·北京·

图书在版编目（CIP）数据

卡通胡子 / 李跃儿著． -- 北京 ：国际文化出版公司，2022.10
ISBN 978-7-5125-1363-1

Ⅰ．①卡… Ⅱ．①李… Ⅲ．①家庭教育 Ⅳ．① G78

中国版本图书馆 CIP 数据核字（2022）第 026341 号

卡通胡子

作　　者	李跃儿
总 策 划	鲁良洪
责任编辑	吴赛赛
统筹监制	阴保全
品质总监	张震宇
封面设计	彭振威设计事务所
出版发行	国际文化出版公司
经　　销	国文润华文化传媒（北京）有限责任公司
印　　刷	文畅阁印刷有限公司
开　　本	880 毫米 ×1230 毫米　　32 开 9.75 印张　　　　　　　　175 千字
版　　次	2022 年 10 月第 1 版 2022 年 10 月第 1 次印刷
书　　号	ISBN 978-7-5125-1363-1
定　　价	68.00 元

国际文化出版公司
北京朝阳区东土城路乙 9 号　　　　邮编：100013
总编室：（010）64270995　　　　　传真：（010）64270995
销售热线：（010）64271187
传真：（010）64271187-800
E-mail：icpc@95777.sina.net

谨以此书献给

从芭学园毕业的 2924 个孩子和他们的父母们

（统计缺失，前期毕业孩子人数为估算）

给孩子预备一头
"美丽的红色狮子"

《卡通胡子》是一部奇书,首先奇在本书是相濡以沫 40 多年后,妻子为丈夫写下的一部真实的人生传奇故事;其次奇在本书从一个男人怪诞的成长史中发现了童年的秘密,进而揭示了人格建构的不可或缺。

认识李跃儿久矣,也去她的芭学园参观过,在我的印象里,美术教师出身的李跃儿是敏锐的探索者,所以她做幼儿教育与众不同。《谁拿走了孩子的幸福》《谁误解了孩子的行为》等著作引起关注,《小人国》《成长的秘密》等纪录片震撼人心,就是最有分量的证明。但我万万没有想到,她会以先生——"胡子"(徐晓平)为主人公写一本书,并且是以显微镜加手术刀式的笔法,探究先生那些可恨又可笑的卡通行为背后的本质原因。显然,这样的视角与发现堪为奇观,而能够这样做的妻子举世罕见。

有意思的是,"胡子"之名是一个孩子提出的。经历太多生活磨难之后，胡子自称"卡通徐"，而李跃儿闻之则如醍醐灌顶。按照百度的解释，所谓"卡通"，指的是借用风格简练、充满幽默讽刺的绘画语言来讲述故事的非真人电影。之所以说胡子卡通，大约是指他的行为有些儿童化，或者说社会化程度偏低。如美国心理学家斯滕伯格所说，成功智力包括分析性、创造性和实践性等方面，关键不在于数量多少而在于平衡。胡子的特点，长处与短处是如高山深谷般平衡不足，既有惊人的创造力，又有太多令人匪夷所思的幼稚行为。

李跃儿与胡子是1978年宁夏美术师专的大学同班同学，他们的故事始于美术追求，彼此知根知底。毕竟是画家出身，李跃儿寥寥几笔，就勾勒出了胡子的生动形象，况且是泼墨如雨的一本大书，让生活困苦而富有灵气的艺术家胡子的坎坷经历栩栩如生地展现出来。

如果说丈夫成为大画家或者某方面的大专家，妻子为之写一部传记，完全不足为奇。实际上，在多年的奋斗中，胡子虽然不乏骄人的成绩，却没有如愿成为影响广泛的大画家或者大作家。作为妻子，李跃儿感受最深的或许有两点：一方面，是胡子40多年如一日的挚爱，以及对她生活与事业的鼎力相助；另一方面，是胡子日渐老去，卡通行为难以改变，既让自身痛苦，也让身边的人困扰。然而，终于有一天，李跃儿茅塞顿开：自己潜心探究儿童健康人格的建构，而胡子不就是最好的个案吗？如果能够分析透彻胡子卡通行为的缘由，不正可以为今日儿童人格教育提供前车之鉴吗？这个意外的发现，可能正是写作本书的重要动机，也让李跃儿对胡子多了一份感激之情。

我钦佩李跃儿的发现与选择，因为观察教育的效果是需要时间的，往往需要10年甚至几十年才能真正证明教育的成败得失。胡子是她最亲最爱也最熟悉的人，她对其爱之深恨之切，自然也就有强烈的探究之心。据悉，李跃儿曾5次去胡子的故乡，主要目的就是探究其童年的经历与教育。

画家的底子让李跃儿的思维充满想象力，她认为父母对孩子人格的培养，就像给孩子预备了一头美丽的红色狮子作为坐骑，这头红色狮子能使孩子完全胜任人生的任何状况，并且能够既利益自己，也利益他人。我们无法培养出人格完美的孩子，但是至少可以尽可能地给我们的孩子预备一头红色的狮子，这是做父母的对人类最大的贡献，也是对孩子最大的爱。胡子的卡通说明胡子没有一头这样的红色狮子，于是才制造了那么多卡通故事。

李跃儿写道：

> 人格就像我们将要走过一生的旅程的坐骑，将承载着我们翻山越岭走过一生的道路。
>
> 由此看来，家长生下孩子，起码要给这个孩子配备一匹有能力载着他走过一生的坐骑，所以在养育这匹坐骑时要非

常认真地设计，看看要它具有哪些特质，如善良、勇敢、勤劳、有同理心、有感受力、有抗挫折能力、有敬畏心、有质疑精神和解决问题的能力、有自律的能力、有学习能力、热爱学习和探索、有创造力、有想象力、有幽默感等。

设计好了蓝图，家长就要非常耐心地塑造孩子的这些人格特质，而这个工作依靠说教、抄写、问答完全不能达到目的，所以家长们必须学习为孩子养育这匹坐骑的方法。

这样，随着我们孩子物质身体一天天长大，他们的人格也慢慢形成，到人格建造完成的那一天，这个世界上就具有了一个有着闪闪发光人格的人，这种人会使接近他的人无不获益。

由李跃儿的反思，我联想到北师大心理学家陈会昌教授团队的一项研究，即对200多个孩子从2岁开始进行连续24年的跟踪研究，结果发现，在那些获得理想发展的孩子身上，表现出主动性、自制力和情绪稳定性三颗种子，即优良发育的特点，而这三颗种子恰好是健康人格的核心指标。以种子来比喻人格发展，说明这是生命的生长状态，甚是恰当。

每个人的成长最重要的当属家庭教育，而家庭教育的本质是生活教育。也可以说，给孩子预备一头美丽的红色狮子作为坐骑驰骋一生，最需要在坚实而又丰富多彩的生活中历练。《家庭教育促进法》将立德树人作为家庭教育的根本任务，这与培育健康人格的目标是一致的。问题在于，如果没有从童年开始并且持续到少年和青年的生活历练，再美丽的教育都可能成为空中楼阁，或者培育出一些危机四伏的学霸。

读《卡通胡子》引发了我的理性思考，更让我深深地感动。试想 40 多年的夫妻生活会经历多少风风雨雨，两位个性鲜明的艺术家是如何能够一直携手前行的？家庭生活教育有两个要素，一是好的家庭关系——首先是夫妻关系；二是好的、有创造力的生活。毫无疑问，李跃儿与胡子的家庭就具有这两个特征，尤其是当胡子卡通行为不断时，李跃儿不仅予以理性的包容，甚至视其为探究的优质个案，有此宽阔的胸怀，最终必定获得幸福。因此，《卡通胡子》既是一本教育书，又是一本生活书，值得热爱生活和热爱教育的人一读。

是为序。

孙云晓
2022 年 7 月 14 日于北京云根斋

（序言作者系中国青少年研究中心研究员、中国家庭教育学会副会长、中国作家协会儿童文学委员会委员）

写在前面的话

我的先生徐晓平若被称为"卡通",那是再合适不过的了。不知怎么搞的,凡是跟他相关的事情都会变得极其卡通,我跟他一起生活 40 多年,一直无法用简练而准确的词语概括他,直到有一天他突然说自己是"卡通徐",我听后大笑,觉得这个称呼对他来说真是再确切不过了。

真的,他的一生充满了卡通味,而且他因为这种卡通,曾常常痛苦得死去活来。现在当他说自己卡通时,已经变得不那么卡通了,所以我才敢把一个"卡通胡子"展现在众人面前,要是他还如原先那么卡通,我的做法说不定会让他跳楼。

"胡子"这个名字,是我们幼儿园里一个孩子给他起的,其实他的胡子并不是很大,但是孩子觉得有胡子就很酷,所以给他起了名字叫"大胡子老爹",胡子自己也很喜欢这个名字,后来人们叫着叫着不知怎么就把"老爹"两个字给省了,只剩下"胡子",

在这里我们就叫他胡子。

一开始我也常被他的卡通事件气到不行，后来才渐渐明白，胡子的种种行为竟然印证了一个孩子如果在 0~3 岁敏感期没有做好发展建构，长大了会是什么样子。

如果你跟他是同班同学，你肯定会觉得他是怪人，渐渐就不再理会他。

如果你是他的朋友，一定会一边为他的才华所折服，一边被他的卡通逗得笑到头痛。

如果你是他的老婆，碰巧又是做儿童教育的，那么你就有了一个研究活标本了。

李跃儿

2022 年 5 月 23 日于北京芭学园

目录

第一部分 青葱岁月

第 1 章 头上顶着黑碗的"英雄"

记忆中的 1978 年 / 003

画出最好作品的人去哪儿了 / 005

浑身都聚集着痛苦,太奇怪了 / 007

头上顶着那个"黑碗"/ 010

把能碰的碰了个遍,这是为什么 / 013

第 2 章 众迷独醒的胡子

黑色棉袄 / 017

单膝跪地的吃面姿势 / 019

毛笔字情书 / 021

忘记下台的演员 / 024

一手烂素描 / 028

依然是天才 / 031

再次绽放的才华 / 035

第 3 章　充满奇异色彩的恋爱

不小心成了"陈世美" / 039

恋爱智囊团 / 042

节省出的饭票 / 047

不爱"江山"爱"美人" / 050

胡子家的丰盛晚餐 / 053

美好氛围下的一颗"定时炸弹" / 056

老李家的傻女婿 / 059

第 4 章　靠谱的新郎

胡子的"聪明" / 063

不像婚礼的婚礼 / 065

勤奋画画的蜜月 / 068

婚姻中的"取长补短" / 071

提着大棒保护妻子 / 074

第 5 章　梦一样的西吉

西吉带给我的永恒记忆 / 077

曲折的回家路 / 079

村子里的特别人家 / 082

姐姐的抗争 / 086

不是医生的"医生" / 089

狗的合唱团 / 092

第二部分 婚姻生活

第 6 章 发展心理学的"活标本"

家徒四壁中的"宝贝" / 101

探寻家庭的根源 / 103

"挂脱驴子"的空间感知 / 107

事物的因果关系 / 109

永久客体的认知 / 112

第 7 章 与有趣灵魂的婚姻

傻傻的毛头柳树 / 117

拜访陈滩 / 120

第一次闹离婚 / 123

离家出走在书摊 / 128

妹妹们的丈夫 / 131

第 8 章 婚后的旅行

胡子的穷游之旅 / 135

戛勒肯与异域风情 / 137

前往阿勒泰 / 141

宽厚而文明的哈萨克族人 / 144

夜幕中开始的阿肯弹唱会 / 147

睡前"小插曲" / 152

第 9 章　遇到卡孜姆一家

　　乏味的作家笔会 / 155

　　快乐的土肯巴图 / 158

　　遇见赛里木湖 / 160

　　我的卡孜姆大哥 / 164

　　卡孜姆的家庭 / 168

　　融入这个家庭 / 172

第 10 章　永远的赛里木湖

　　赛里木湖 / 177

　　游泳带来的两个后患 / 181

　　送给老婆的花环 / 185

　　场部的盛大婚礼 / 189

　　不忍离别 / 193

第三部分　挑战与修炼

第 11 章　不曾永恒的幸福与痛苦

　　永不安分的性格 / 201

　　生活的修炼课 / 204

　　为什么挖了无数的坑坑 / 212

　　丈夫是我的人生教练 / 215

　　芭学园的由来 / 218

　　充满激情的李网论坛 / 220

第 12 章　不曾遭遇的挑战

　　胡子吐血了 / 223

　　未能意识到的灾难 / 225

　　脑炎的征兆 / 228

　　拯救小分队 / 231

　　胡子的身体里没有胡子 / 234

第 13 章　穿越而回的胡子

　　病房里的"戏班子" / 239

　　收获温暖与感动 / 242

　　网吧事件 / 246

　　选择强行治疗 / 250

　　再遇小段 / 254

　　转院风波 / 258

　　胡子归来 / 263

　　心中的暖流 / 266

第 14 章　卡通胡子的复盘

　　"人塑"还是"天塑" / 271

　　骑着"红色狮子"的人们 / 277

　　胡子自己认可的成功 / 280

　　鸟一样忙碌的胡子 / 283

第一部分

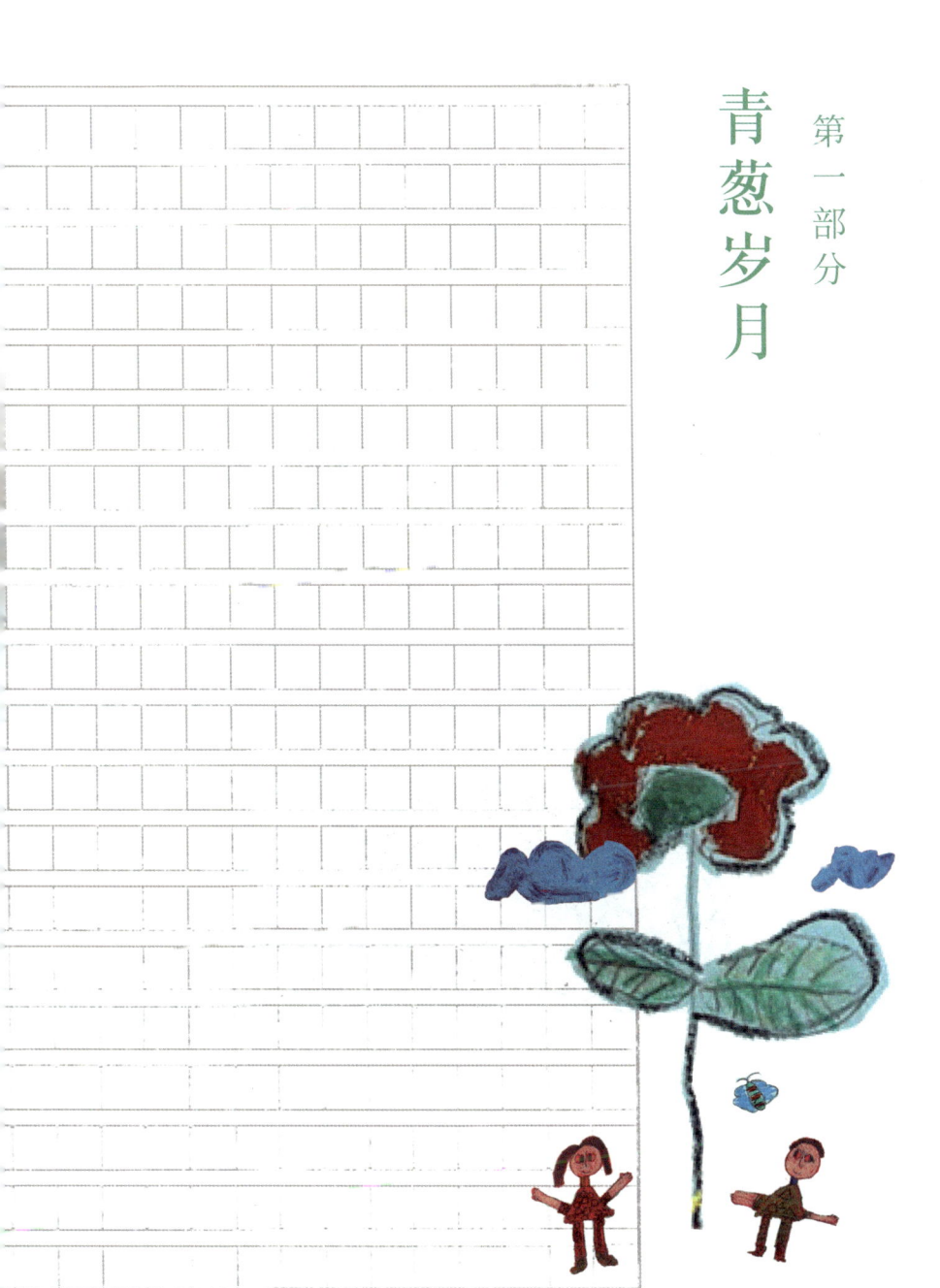

青葱岁月

第1章
头上顶着黑碗的"英雄"

胡子镜头下的李跃儿
拍摄于1983年

记忆中的 1978 年

1978年宁夏银川师专美术系，我们是恢复高考后第二年考入学校的学生。班里当时有几位非常有名气的才子，他们多是银川的，有着一副怪吓人的艺术家派头儿，让人不敢正眼相视。班里还有几个同学是农民模样，其中一个人脸上总是冒着红光，挂着与众不同的神情，一副要干一番大事的样子。

这个家伙的黑色棉衣没有外罩，胸前部位还有陈年污垢，在太阳下熠熠生辉。最让我惊叹的是，他从不知自己的样子与别人不同，一副自信、勇猛，要改变世界的劲头儿。

在女生宿舍里，大家都在议论，说这个人肯定没有爹妈，不知是如何地可怜。于是，女生们都自发地将吃不完的饭票送给他。后来才知道，这家伙竟将积攒的饭票在学校退成钱拿回去接济家里，但是女生们一开始并不知道他是这样鬼，这也是后话。

有一天，一位女班干部想触摸一下他的胳膊表示关怀，他却非常生气地大声对人家说："不要动手动脚！"我想班干部一定是觉得他可怜，才做出这样向善的举动，而他竟然认为自己很有魅力，被对方喜欢了。这真的把班干部气坏了，我们听了也觉得这个人怎么这么"觉不着"（注：西吉方言，对自己没有估量）呢，真是一个不知好歹的家伙。

这个不知好歹的家伙，就是我现在的先生徐晓平，也就是胡子。

画出最好作品的人去哪儿了

因为要参加一个画家班,胡子比我们晚一个月入学,但是在成为同学之前,其实我们就已经见过胡子,并且我对他印象深刻。后来想想缘分这东西不能说完全不存在,但当时自己打死也想不到这个全校有名的怪人,最后竟然成了我的先生,并且作为丈夫,他还成就了我了解孩子在童年这一自然发展阶段都发展了什么,并且为什么它们在这个阶段是那么重要。

开学后不久,有一天老师带我们去学校附近的一个画室参观,那里有一个由省美协承办的版画创作班。对我们这些原本是从农村直接被推荐上学的美术系学生来说,这个创作班就像是巴黎的美术学院一般高大上。只记得我们当时满怀着崇拜与敬仰,步行7千米,从学校走到了那里。

画室在一个村子里,是一排平房,房子的屋檐向外伸着,墙面是用碎石头砌的，因为当时大多数房子还是用泥巴或白石灰抹的，所以它们看上去洋气极了。置身于这样美好而新奇的房子中，我感觉就像身处文化圣地，心中升起一片敬意。

走进画室，只见一张大案子上铺着一块块画板，一张张拓印好的画被夹起晾晒在绳子上。作为一个从小就莫名热爱绘画的人，这是我平生第一次看到画展，我的目光全被那些画吸引了，心里想着什么时候自己能被选上，作为一个画家到这样的创作班里画画。

创作班里有一位非常有名的老画家，他拥有一张让人望而生畏的脸庞，当时他指着一张画说这是这批作品中最好的一张。那是一张黑白的版画，老画家说这个年轻人特别有才华。

我们就到处找这个年轻人，老画家也到处找，他说："咦，徐晓平去哪儿了？"他好像非常想让我们看到这个才子，于是一直把头扭来扭去地找。

我们也跟老画家一样，把头扭来扭去地找，这场面仿佛在进行某种仪式，非常隆重。老画家这样重视地寻找胡子，现在在胡子看来也是件很光荣的事。记得老画家最后以遗憾的口吻说道："他不在房间里，可能去外面了。"

我们参观完从房子里出来时，有人悄悄说，墙边站的那个人就是徐晓平，我扭头看过去，墙边站着一个什么样的人呢？

浑身都聚集着痛苦，太奇怪了

我只记得当时他身上的衣服很破旧，打着很多补丁，在那个年代，我们已经不穿补丁衣服了，而他就像现在的很多"大咖"那样不在意衣服问题。

当时看到一个画出那么棒作品的年轻人，穿着这样的补丁衣服，我就从心里感到由衷的钦佩。直到现在，那个穿着打补丁衣服的痛苦形象，在我眼前还是清晰可见。

他使劲儿地低着头，下巴都快抵到前胸了，指头咬在嘴里，看上去是马上要哭出来的表情，浑身都聚集着明显的、强大的痛苦，这也太奇怪了。

现在我都搞不清胡子当时在那个墙角的表情和身体语言是在思考呢，还是不满意作品感到丧气，又或是有别的事情让他痛苦得不行，如失恋什么的。那位老画家那样赏识他，他却为何痛苦成那个样子呢？

我们结婚之后很长时间我都在询问他：我第一次见你时，你站在墙角那种痛苦的样子到底是为什么，是对你的作品感到不满，还是想自杀了，还是出了什么事？他竟然每次都回答"我忘了"，所以到现在我的好奇心都没有得到满足。

后来经过很多年对孩子的观察，我才发现，如果一个人在童年时社会性能力没有建构好，在群体面前，他们会不知道自己直白的情感表达可能会引来误解，也不知道其实一个成年人在大家面前多少要隐藏一些由肢体语言所传达出的内在情绪。

他不知道，一直到快老了都不知道。

我之所以讲胡子，是因为在跟他结婚以后，一起生活的40多年中，他的很多做法，很多行为完全超出了我对人的认知。起先我对他出现的这些情况和状态完全无法接受，所以我经常会试图教他或是改变他，当然，我肯定是失败了。

因为我也一直不知道，我们根本无法改变任何人，如果我们硬要改变，那么就必定会搞得两败俱伤。后来经历了很多的痛苦和弯路，在醒悟之后我才发现，胡子的状态给我理解孩子提供了绝无仅有的机会，而作为对此的回馈，我要做的就是理解他、包容他、慢慢地影响他，帮助他发现一些约定俗成的世俗标准，学习用恰当的方式表达自己的情绪，把让他人感到痛苦的表情和行为，改善成不会给他人造成痛苦和误解的表情和行为。

听上去我就像是嫁给了白痴，其实看上去，我倒更像白痴，而他却才华横溢。只有生活在一起，才会发现他的种种卡通，否则就如同走在大街上的人一样，大家都是正常的。

大家千万不要误解，我这样说，好像胡子不正常，其实他只是在人格建构的某些方面存在缺陷而已，我想这样的人在生活中会有很多，他们也常常会被人贴上"人品有问题"的标签。

头上顶着那个"黑碗"

这次参观后过了大概一个月，这个年轻人来到班里，成了我们的同学。那个时候，我是一个"又臭又硬"的有志青年，就是那种眼睛从来不会前后左右旁顾，一心只想埋头学习的人，我的勤奋在学校里也是有名的，因为成绩好，班里还选了我做副班长和学习委员。

当然，现在回想起那时我有"为用功而用功"的嫌疑。现在想想，这大概是因为自己从小被赞扬得太少，更多的记忆是因为学习而感受耻辱和自卑，当奋起努力被他人赞扬后，这成为我的一种愉悦的精神食粮。在精神处于"极度饥饿"状态时，人会失去理智，完全不知道该如何把握发展方向，以为被赞扬就是最幸福的，所以会不顾一切地去勤奋，更加地勤奋。用功是为了获得人们的赞扬，而不是为了让自己能从倒数第一名变成班里的前三名。

　　于是胡子用功的样子就吸引了我，并且给我留下了很深的印象。奇怪的是，我当时只注意他用功的样子，甚至没留意他长什么样，再次见到他时我竟没有认出他来。

　　我再次注意胡子，是在一次去买香皂回来的路上。从学校大门进来，我看到前面有个人在用奇怪的步子走路，他像是在原地踏步一样把腿抬得很高，然后重重跺在地面上，挺着胸脯，非常专注和严肃努力地朝前走。从远处看，这个人像是剃了光头，上面顶着一个当时民窑烧出来的那种"黑碗"。穿的仍是有补丁的裤子，这次是一条已褪色到发灰发白的裤子，屁股上有一块方方的大补丁，那是一块崭新的蓝布，用很粗的大白线以很大的针脚缝在那里。

　　头上扣着"黑碗"，用奇怪的步子走路，穿着有大补丁的裤子，一个这样的人出现在校园里，难免会让人感到有些奇怪，但他本人看上去却不像是在作怪或出洋相，反而是一副认真努力的样子。

　　当时学校里有文学系、绘画系和音乐系，有一些同学在入学前就已经小有名气，都是才华横溢的人，在我看来这种打扮可能是种别出心裁的行为艺术，因为大家知道艺术系的人经常会突发奇想地搞这种行为艺术——虽然当时并没有很多。

　　我紧跑几步，到离他大约 2 米的位置，去仔细观察那顶"黑碗",结果定睛一看后,便蹲到地上埋着头笑了起来。

虽然1978年还没有现在这么洋气,但是已经不流行盖盖头很多年了。盖盖头是把头发从头顶旋涡处梳下来,然后在耳朵上沿的地方突然剪断,而且要把底下刮成光的。留下的头发,像极了一个黑碗扣在头顶上。那个年代人们刚刚知道"时髦",一个发型流行起来后,原先的发型就会消失不见,这种盖盖头,在电影里是被当成落后看待的,如果出现在校园里某个大学生的脑袋上,那真的是要炸锅的。

再看裤子上那块蓝色的大补丁。它并没有被裁成与身型随顺的椭圆形,而是直接被拍在了屁股上,就像是用订书针钉上的一样,不掉下来就算了事。裤子中间有中缝,如果不把布裁开,走路的时候裤缝那里会上下扭动。我心想,就算一个再不讲究的女人,如他的姐姐、妈妈,在孩子要出远门时,如果只有破裤子穿,为什么不好好补一下呢?

那个时候我们所有艺术系的人都很酷,没有人会随便龇牙去笑,成天都是沉着脸的,做出一副英勇就义的表情,所以我就蹲在那里用胳膊捂着脸笑,等笑够了才站起来带着一脸严肃继续走路。

之后我就比较注意胡子,又看到他很多非常奇怪的行为,当时不知道他哪里怪,但就感觉他怪得很朴实,他不是故意要跟别人不一样,而是完全不知道自己很标新立异。

把能碰的碰了个遍,这是为什么

刚入学时,我们都矜持着,谁都不理谁,有一天我们班上大课,大家要把木头椅子从教室搬到大礼堂去。我很用功,绝不愿意早早到那里等着浪费时间,所以等前面同学差不多走完了,我才站起来去拉椅子。

这时,一个身影突然冲了过来,带着排山倒海般的惯性从我身旁经过。他占满了过道,我只好又坐回到座位上。这时就看到他身后的椅子"哐"的一声撞到了左边的桌子,这不算什么,大家偶尔也会撞到,但眨眼的工夫,他又"哐"的一声撞到右边的桌子。我就这样看着他,接下来左右左右,哐哐哐哐,把过道两边的桌子挨个儿撞了一遍,一路过去。

我奇怪死了,脑海里闪现的第一个念头:他是不是故意这样做的?但看他的身体语言,又不像是故意在做这样低级的无聊事。他终于走到前面没有桌子的地方,马上就要出门了,我心下暗想,他该不会要把门也碰一下吧,这时就听"哐"的一声,一条椅子腿狠狠地撞上了右边的门框,反弹后把左边的门框也刮了一下,人和椅子这才消失不见。

当时一向严肃认真的我,感觉是奇怪,而不是好笑,在去礼堂的路上我都在想这是为什么呢?他为什么要那样做?但此刻写到这里我却笑到不行。

当成为他的老婆后,我才发现胡子就是这样的人。我们当时没有举办传统的婚礼,从我家坐车去到他家就算结婚了。因为我们俩坚决地反对传统的结婚仪式,很害怕那种不断敬酒、不断被戏耍、闹哄哄的婚礼,所以决定不办婚礼,干脆到他家就说在我家办了,到我家就说去他家办。

在他们家时,公公婆婆住外屋,我们住里屋,屋子连门都没有,我们非常小心,假装我们没有任何关系,一直到回陶乐县[*]我们自己的家,那天胡子非要抱着我进卧室。他横着抱我,门肯定没我身体长度那么宽,没想到他就直接横着往里杵,先是我的脑袋"咚"的一声碰到了门框,我"哇"地大叫一声。胡子一下慌了,赶紧往后撤,结果我的脚又狠狠地碰在门框上。我挣扎着跳下来,非常生气,胡子无辜地站在那里一声不吭。那时我真的生气极了,觉得他怎么能这样,并没有想他是故意的,还是习惯就如此。

---

[*] 2003 年,陶乐县建制被撤销,原陶乐县城更名为陶乐镇。

我对胡子经常做出这样的事情感到非常生气、伤心和失望，我妈妈劝我不要为此难过，说夫妻本是相克的，所以他经常会做一些事情伤到你，但不是出于本意。

后来我搞了教育，在发现我美术班里孩子的问题后，出于好奇就不顾一切地去探究原因，发现很多孩子（包括他们的父母）的问题，可能是由于他们天生的气质类型不同，再加上后天养育环境对他们的影响——或者他们被很好地理解，弱点因此被缩到很小，优点被发扬光大；或者他们不被理解，因而遭到很多错误对待，弱点非但没有被缩小，反而被放大，继而造成更加严重的心理问题和人格缺陷。此时再返回去想胡子这些令人费解的行为，肯定也是有原因的，我认为是地域环境造成的，为此还去了他老家5次，从此以后就开始从不一样的角度去了解这个人到底怎么了，是什么促使他成为这个样子。

在有了全面了解后，最终我对"童年敏感期的发展建构"有了更加坚定的认知，而不再停留在只知道敏感期，却不知道敏感期会对一个人成年后的生活产生什么样的影响的阶段。这不是个人的主观猜测，而是源自生活的一种实证，所以我坚定地认为在孩子童年敏感期时，父母和老师一定要帮助他做好发展的建构。

说到这里，怎么感觉胡子是为了帮助我搞儿童人格教育而来的呢？

第 2 章
众迷独醒的胡子

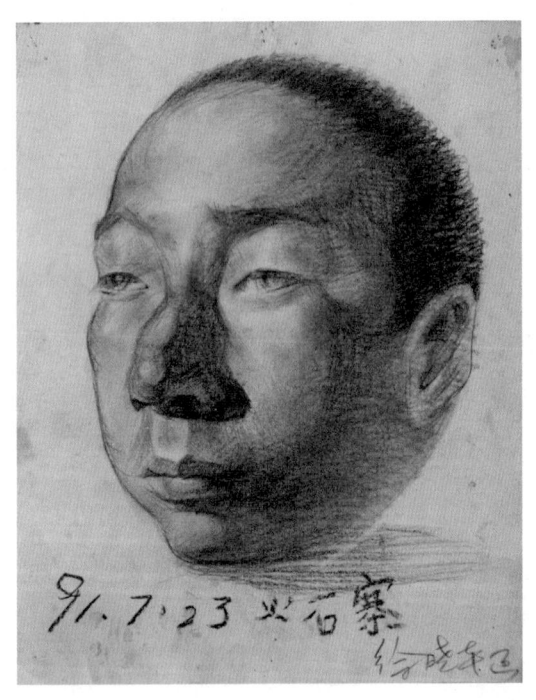

人头像
胡子画于 1991 年 7 月

黑色棉袄

胡子的那件黑色棉袄，同样给我留下了很深的印象。那时候我们早都已经流行穿棉袄时在外头罩一个罩衣，这样就可以只洗外衣，不洗棉袄，否则棉袄年年都要拆洗，洗完要把棉花装好再缝上。大多数家庭没有缝纫机，都是人用手一针一线地缝，如果家里孩子多，做女人的就很辛苦，因为一般只有妈妈会缝纫。

胡子的黑色棉袄没有罩衣，而且看上去像从做好后就没有洗过，棉袄胸部积有陈年污垢，在太阳底下甚至会反射光芒。我常想哪个家人舍得让一个年轻人穿这样的脏棉袄走进大学呢？也许这就是女生们认为他是孤儿的原因，后来才知道人家有两个姐姐，家中父母也都健康安在。

后来听胡子说，就是这一身，也已经是他们家里最好的一身衣服了，因为他要上大学，家人凑一凑才把最好的一条裤子和一件棉袄给到他。我当时每学期已有不少零花钱,听到这个情况感到震惊不已。

胡子的老家在宁夏西吉县,就是热播电视剧《山海情》里政府帮助搬迁的地方。当时全宁夏都传说,那个地方的人穷得都没有碗,他们就在炕沿儿上挖几个泥洞洞,把泥洞洞抹光,然后把饭和汤倒在里面吃。但后来去到那里时,我对他家乡的印象是一个充满诗意的村庄,人们都丰衣足食,并没有看到谁家穿那样的破衣服,或是吃不上饭的。当然,胡子后来否定了那个传说。

听胡子说,他的老家只有一眼泉水,冒着小小的一点儿水,全村人要走很远的路才能提到半桶水。在干旱时连这半桶水都没有,泉眼若是干了,全村人就都没有水吃。洗脸是件非常奢侈的事,洗衣服就更加不可能了,所以人们根本就不会有要把棉袄拿出来拆洗的想法。

单膝跪地的吃面姿势

我来自宁夏一个偏远的县城,叫作陶乐,当地有一首歌"这个地方逃出去就乐,逃不出去就不乐",传说这里古时候是关押犯人的地方。

我记得县里人特别少,我们家刚搬去时,县城里可能都不到1000人,我离开的时候,好像有2000人,当时街上最好的建筑是一个铁匠炉子。

因为珍惜学习的机会,我平时都非常用功,在学校里,基本两耳不闻窗外事,这一天,在排队打饭时听到身后有两人在议论,好像一个说,那个人应该有精神病,另一个说,精神病学校怎么会不管,再往后感觉她们像是在说胡子,因为听到"很有才、画画很好"之类的话。我打了饭端着往外走,走到台阶处往下一看,才终于明白那两人为啥那样议论了。

餐厅是一个大礼堂，也是学校放电影和开大会的地方，礼堂处在一个很高的位置，进出要跨越很多级台阶。它的侧面有一个小门，同学们一般会从那里走，但小门处原先的台阶不知哪里去了，因此学校做了一个钢架，上面铺上木头，同学们就这样踩着临时台阶来回上下。

在台阶旁边有一处隐秘拐角，人们把吃剩的食物和垃圾都扔在那里。我端着饭刚要走下台阶，就看到胡子穿着他的黑棉袄，顶着他的盖盖头，做出一种人们在求婚时才用到的姿势——单腿跪地，另一条腿支起，膝盖上放着一个大碗，一只手非常隆重地捧着这碗面条，在旁若无人地大口吃着。

在这样一个让人瞩目的地方，用这样奇怪的姿势吃饭，常人一定又会认为他是在搞怪，或者是在搞行为艺术，但胡子看上去似乎完全不介意他人会如何想，如何看待。如果是在搞怪，那么脸上应该要有怎样的表情，才能抵挡住他内心涌现的那种与众不同的奇怪感觉呢？

胡子就在那里专注地吃着面条，神态是那样自然，嘴里嚼着食物，因为碗太重，一只手没办法端稳，就只好把它放在膝盖上。他的身体处在一个非常安全的状态，但思绪却已经飘走，想入非非了。

毛笔字情书

我学习非常用功,不画画时就去读书。读不进去时,我经常用手揪着一绺头发缠绕,时间久了就养成了这个习惯。胡子后来说就是我这个动作感染到了他,使他第一眼就爱上了我。当然,我当时是不知道的。

有一天我在教室里看书,胡子"嗵嗵嗵"走过来,迈着英国扛长枪士兵的那种步伐,腿抬得很高,脚往下踏得很用力,然后把一封信重重地拍到了我的桌子上,表情严肃得像是两人要决裂一样。

我觉得奇怪,但因为看书不想分心,就顺手把信接了过来。回到宿舍,我把信展开,看到差不多有10页,纸上是非常工整漂亮的小楷毛笔字。

我们这些经历过一个不好好上学年代的人,大多没有很好地练过字，字丑得像苍蝇爬一样。而且现在熟悉我的人看李跃儿的微博、微信，如果没有错别字，就怀疑说这篇不是大李老师亲自写的，如果看到有错别字、错误句法，反而会有亲切感，确认这是李跃儿亲自写的。

胡子不一样，他的基础打得非常牢，因为他是一个有完美倾向的人，据说他在小学时就学习非常好，一直到初中、高中都名列前茅，并且村里演戏他也是主要演员。当然，这都是他说的，我们也都非常信。

打开信之后，我看到信的抬头没有写我的全名，只写了后两个字。虽然不知道情书是什么样，但我心里已隐隐感觉到不对，那个年代信里如果没有姓只写名，差不多就是情书了。我和班里其他五个女生住在一个宿舍里，怕她们觉得奇怪冲上来围观，就一个人偷偷来到教室，等到大家都离开后，才再次打开了那封信。

信的内容我现在已经完全不记得了。胡子来到学校才 7 天，他会有什么样的心理，什么样的话能给我写这么厚的信呢？我大约只看了第一段，就没再往下看，觉得这是一封情书，如果看完了会干扰我学习，我肯定会在画画的时候想到这封信，想到胡子，所以就果断把它扔到炉子里烧掉了。那个时候还没有暖气，每个教室里有一个铁炉子，每天晚上有人去把炉子封了，到早晨再捅开。我把信纸扔进炉子里，因为火烧得太旺还烫到了拇指。

到吃晚饭时热气哈到手指上，非常痛，我才又想起这封信，于是跑到宿舍又把他喊了出来。胡子乖乖站在那里，脸上没有一点儿跟我有任何关系的感觉，像是被老师叫出来训话，一有空隙就准备马上逃走一样。这也不像写情书的人的样子，但这反倒激起了我数落他的欲望。

估计我当时拿出了革命群众斗地主的架势，义愤填膺、正气凛然地告诉他："不要给我写信了，我跟你没有关系，不认识，你写的这个信我也不会读。"说完掉头就走了，也不知胡子最后怎样。我们在一起生活后，胡子经常说我头发一甩，直僵僵掉头走掉的背影，像极了刘胡兰。

之后过了几个月，胡子又挨了我一顿训。那次因为要上体育课，女生都在宿舍里换衣服，胡子一头钻了进来，宿舍里一片尖叫声，他也被吓得抱头鼠窜，不知道发生了什么。我追到门口又把他训了一顿，此后他才知道进别人屋前要先敲一敲门。

忘记下台的演员

我第二次训完他后,正值元旦,学校里举办晚会,胡子多才多艺,他也参加,那晚他的节目是模仿卓别林。

不知胡子从哪里搞来了一条非常宽的黑裤子,裤脚是收起来的,那个时候除了筒裤是很时髦的,基本没有其他类型的裤子。他还搞到与裤子相配的黑马甲,在马甲里套着一件白衬衫。头上戴着一顶黑礼帽,脚下穿着一双长长的尖头皮鞋。那个时候人们刚开始穿皮鞋,如果谁有一双亮亮的皮鞋,大家一定一边骂他是资本主义,一边在心里羡慕人家的皮鞋可以不用洗,而我们的布鞋没过几天就变得灰扑扑了。胡子还弄到了一只拐杖,嘴唇上粘着黑色小仁丹胡子,眼睛周围也画上黑黑的边,在那个时候可没有人这样干过。

开始的时候人们都在安静地等着,胡子从台口一亮相还没唱,人们就哗哗地鼓起掌来。然后他几步压着走,到台中间耸着肩膀把帽子拿下来,用卓别林式的姿势给大家行了一个礼,然后再把帽子戴上,这时整个会场都沸腾了。接着他边扭边唱,我记得就是"啦啦——啦啦——啦啦啦"。

第一遍的时候全场氛围极其热烈,人们一边鼓掌一边笑,因为实在是太像了。对我来说,从没见过一个人在舞台上扮演电影人物会如此逼真,那个时候我除了样板戏就没看过别的,这是我第一次看到真人秀。

在大家的热烈反响中,胡子"啦啦啦"唱了至少三遍,声调一样,动作一样。这时同学们已不再鼓掌,也不再笑了。台下出现了不耐烦的抱怨声,而胡子却像坏了的留声机,依然在不断重复,无法停下。虽然我还不是他的女朋友,但也实在感到害臊到不行,于是就溜出了礼堂,也不知他后来是怎么下的台。

这事也让我好奇了很久,他的节目当时设计就是不断重复,还是出了什么问题?这简直太反常了,后来我们成了夫妻,我还特别想解开这个留在心里的谜团。刚结婚时,我经常逮着机会就问,但每次提起他就发火,摔盆摔碗发脾气离开。我一直不明白,不就是解释一下为什么节目是那个样子,这有什么不能提呢,还一副鬼鬼祟祟的样子,这反而更加深了我的好奇。

后来我们老了,再问,他才笑着说,那时他在台上思考要如何下台,不小心就在台上走了好多圈也没有觉察。我简直吃惊极了,在舞台上面对的是上千名观众,他怎么就走神了?于是我又追问他在想什么?难道忘了是在舞台上吗,他很认真地跟我说,因为练节目的时候只练了上台和节目,忘了设计下台了,所以他在舞台上不断重复,不知道该怎么从台上下来。我听了哈哈大笑,笑了很久,每当我一个人的时候,想起这件事情就觉得好笑到不行。

那天晚会后还有其他游艺活动,我被羞臊到出来后,在校园里转了一圈准备去教室里画画,这时胡子不知从哪里又冒了出来,跟在我后面一边"嘎叽嘎叽"嚼着糖块,一边哼哼唧唧地问我:"李跃儿,你咋不去挣糖?"

天哪!我简直无法形容当时内心对他的鄙视,心想,二十多岁的他竟然这么看重游艺活动中得到的一块牛奶糖。那时极具革命精神的我,心里想的是不拿群众的一针一线,把占别人便宜视同自私,觉得去赚一块牛奶糖,把它塞进嘴里的做法是极其傻的。心里泛起了对他极强的鄙视感,于是赶紧找个借口把他甩下自己溜走了。

用现在的眼光来看当时,已经步入成年的胡子是那么单纯和干净,是一个没有被世俗影响的年轻人,像个孩子,这是非常难得的。他完全是以自己本来的样子生活,一点儿不假装,一点儿不虚伪,一点儿都不做作,而我那时才刚刚20岁,就给自己套上了很多的"壳"和"理想模具",并用这些"壳"和"模具"去评判他人,如果对方不符合我的"壳"和"模具",就将其视为可笑和低劣，并给予很多评判，现在看起来这简直糟透了。另外，我无论遇到任何事情，都不让自己的内心产生情绪和明显的情感，无论在什么样的重大紧急突发事件面前，我都会表现得十分冷静、理性，我的家庭很支持孩子培养这样的特质，可以说这样的特质是从小到大被"训练"出来的。比较起来我自己更加不太像一个"人"，但又不是一个机器。

我费了很多心血和努力，也耗费了导师们很多心血，到现在都没有达到胡子当时认真去赚牛奶糖，高兴认真地去嚼那颗牛奶糖的状态。想想当时，他从贫穷山区到省城校园参加了这样一个游艺活动，是多么新奇和高兴，而牛奶糖可能是他之前没有吃过的。胡子还说他16岁才第一次见到大米，吃大米对他来说是一件不可思议的事情，单单煮大米就已经香得不行，哪里还用就菜吃。

后来我用了很多年去消除这些对他人、对自己都不利的执念，努力打破自己给自己造出的那些"理想"的"壳"，消除那些假惺惺的模式，好回归到本来的我，多想想用一颗本心去感受生活，用自己本来的样子去创造生活，去跟别人在一起，跟家人在一起。

一手烂素描

　　胡子一直说我的才华不足，但是我一直认为只要非常勤奋努力就可以画得好，那个时候我也认为自己的画要比胡子强很多，因为我眼里盯的是学到的技术。但是后来我才认识到，有的人画了一辈子都不及传世作品中的绝妙一笔，这也是后话了。

　　胡子在我们班里，除了速写画得好，其他专业都是零基础。胡子能成为学校里的励志青年，是因为当时他看到大画家刘文西的一幅速写画，就开始勤奋不懈地拿着铅笔到处去写生，没有铅笔就用土块去画，所以在入学考试时，他展现的速写令所有画家都感到惊叹。但是开学后第一次看到胡子素描的情景，却出乎我们的意料。

　　素描课上，老师从附近村庄里给我们找来了模特，学校能够出钱给我们雇模特，是一件非常不容易的事，我们平常根本找不到模特练习，因此大家都非常珍惜。每个人都围绕模特把画板支好，个个俨然是很有范儿的画家。

班里有很多有才华的人，他们是恢复高考后招上来的学生，在社会上历练了多年，基本上已是小有名气的年轻画家。几位银川同学的画非常好，我钦佩极了。胡子作为学校里的励志青年，是被全银川画家联名推荐上来的，同学们对他的钦佩可想而知，可当我跑到胡子跟前去看他的素描画时，却吃惊坏了。

一般画素描是不用炭笔的，那个时候比较正规的是用1B、2B铅笔，因为淡淡的灰色调能使画面被塑造得更加立体。而胡子的素描是用炭笔，而且是用最大的力气画非常黑、非常粗笨的线条。人物的眼睛处画了两个黑色的框框，面部画了一点儿像草一样的线条，简直是一个精神失常的人在画画。而那时我们的素描的"三大面五调子"已经能处理得很好，在纸面上画出的东西已经有很好的立体感了。

另外还发生了一件奇怪的事，胡子竟然不考虑其他同学，自己跑到台上去观察模特，从模特的头顶上看，从侧面看，蹲下来看，站起来观察，好像教室里只有他一个人。胡子的观察严重干扰到了其他同学，尤其是那些画画更加讲究、更有习性的年轻画家，对胡子这样的行为真的难以忍受。

后来搞了儿童教育我才知道，胡子有这样的行为，是因为他对环境信息不敏感，不能透过对环境信息的加工去调整自己的行为，他压根儿考虑不到在自己观察模特的同时，全班同学也在画这个模特，而这个模特是全班同学都非常重视的共同资源。所以他才会旁若无人，像是模特专属他一人那样去观察和画画。

最终结果是，这个为了观察严重打扰全班同学的人画得却是一塌糊涂。我们完全不能理解那张画，就像毕加索没被引进中国之前，普通人无法理解他的画法一样。但是那时的同学都很朴实，并没有去嘲弄他或是欺负他。

依然是天才

在第一个假期过后,胡子再次成为全系师生瞩目的焦点,他的素描从原先班里的最后一名,一跃被老师当成了典范,而他的速写原本就是班里无人能及的。

第一学年结束后,同学们的专业课成绩有了很大差距,成绩优秀的同学在班里是自信满满,同学们也都投去羡慕的目光。省城里的孩子成绩不错,见识又广,人又洋气,相比之下,我们这些小城里来的,基础没有打牢的,就显得唯唯诺诺,总感觉有些抬不起头。

放假后,估计所有人都想利用假期时间偷偷努力,开学之后好大变样。不管别人怎样,反正我在假期里是铆足了劲儿,拼命练习,缠着家人反复给我做模特,几乎把周围的人都骚扰了一遍,一心想着开学后,拿出作业好让大家刮目相看。那个时候的年轻人真的非常较劲，学到了技能，会很在意是否在群体中得到认可，似乎人有一种本性就是要在人群中被注意，被瞩目，并且要冒出头来。

开学后，大家把假期作业全部贴到一面墙上，那面墙密密麻麻贴满了各种各样的画，现在想起来那种氛围真是太美好了，和同学坐在一起有一种文化青年谈文化的状态。我们坐在教室一边，老师站在贴满画的墙下，挨个儿评论我们的画。老师评着评着，突然指着墙最右边靠上的一张小小的素描，说这是这次假期作业中最好的一幅。

那天虽然有一整面墙的画，但是只要有人走进教室，眼睛就会被那张小画吸引。我们那时都想画得大一些，显得气派，但是那幅画只有 36 开纸大小，就是普通本子那么大，就那样高高地挂在墙的一角。

那张画上是一个人的脑袋，那个圆圆的脑袋结实得就像一个铁锤。那时候我们班里还没几人能把脑袋画得体积感这么强，而且大多数人还遵循着固定的模式：头像底下连着脖子，下面是衣领，衣领往下就虚化了。但是那张画画到圆圆的下巴处就没有了，就像是一颗立在桌上的鸡蛋。画中人的五官极其突出，空间感极强，立着的脑袋还留下了阴影，就像是一个活生生的脑袋摆在那里一样。而且那个人的表情特别宁静，特别安详。这样超凡脱俗的创意在当时前所未有，所以说那张画盖过了全班同学的假期作业。

老师给我们所有人的画打分，打到那张画时说，这是全班同学暑假作业里的最高分，是第一名。老师问这是谁画的，这时候胡子站起来了，当时我惊得下巴颏都要掉下来了。我练习素描非常辛苦，别人玩的时候我在画，别人吃饭的时候我在画，别人睡觉的时候我在画，别人聊天的时候我在画，我拿了高年级同学的素描展品来研究，还趴在老师给我们的示范画上反复琢磨，反复练习。我用了中专的两年时间，再加上一学期的辛苦努力，而胡子竟然只用了短短一个假期，1个月，就成了班里的第一名，甚至超越了班里的那几位天之骄子，这在我看来是一辈子都无法做到的事情。

我内心当时有一种被铁锤砸到的感觉，不是疼痛，而是震撼，他是怎么做到的？这张画在细看之下基本没什么可看的东西。比如，我们在意的那些小技巧，把一个圆切成一个个小方块，拼起来就像马赛克一样，但是他的画上完全没有这些，他的画就是一些网络状的大粗线条覆盖着整个人的面部，但是远看人的脑袋好像马上就要从画上滚下来一样，所有的骨骼和肌肉以及人物脸上的神情，眼球的水晶反射光，尤其是眼睛里蕴含着的生命力，完全表现得淋漓尽致，活灵活现。相比之下，我们的作业好像都是在画人的外在，而没有画到人物的灵魂。

我也很佩服自己，自认是很牛的人，在作业评讲后竟然跑去向胡子请教，问他是怎么做到的。胡子大方地向我介绍经验，说假期时他在野地里找到一个人头骨，然后就开始研究头骨结构，闭眼触摸头骨的每一个骨点和每一块骨头的形状及结构，一直到都能在心中默背的程度。然后他把头骨藏起来，用泥巴捏出头骨，到画的时候他就眯着眼睛观察一个人的脑袋，实际上已在心里画出这个人头部的结构，他根本没有想什么"三大面五调子"这些刻板的专业常识，也没有想阴影交界线以及如何把一个鼻子切成很多小方块。他就是眯着眼睛在他的画上塑造了模特，也可以说把面前真人的脑袋凭空移到了他的画上，只不过用的是手里的一支铅笔。

　　我听他这么说简直羡慕不已，这个世界上真有这样"弯道超车"的人，于是我向他借头骨，他赶紧把他的头骨借给了我。

再次绽放的才华

在第二个学期，胡子又做出了惊人之举。同学看到他不知从哪里大包小包地往教室里搬运一种红色的土，并且每天吃饭时都表情痛苦地低着头，提着大碗，打了饭随便蹲在哪里就大口地吃起来。外班的同学都问我们，那个人怎么了，但我们却没觉得有什么异样，因为这是他最正常的表情。胡子像蚂蚁一样勤奋忙碌，也不再关注画画。

有一天，教室的一个角落被用破布围了起来，教室不是很大，被围起的一角占了不小的面积。奇怪的是，老师不干涉，全班40多人，也没人好奇地揭开那块破布，看看里面到底有什么。记得那个角落被围了很久，胡子在里边干什么也没人知道。

有一天大家都在谈论，好像发生了什么大事。我跑到教室一看，角落处的破布已被拿掉，原先的位置摆着一个一人多高的泥人，我们看到胡子时而胳膊抱着头蹲在地上，时而忽地站起，嘴角拼命朝两边咧着。没人去打扰他，他那身行头在原先的尘垢上又多出许多新的红泥，后来泥人又被用布围了起来。

　　直到举行纪念周恩来总理逝世一周年活动的那天，大家才看到，那个泥人原来是一个小女孩，泥塑作品名为《十里长街送总理》。作品真让我们吃惊不小。那小女孩手里拿着一朵小花，表情悲伤，脸上挂着泪水，细节处栩栩如生，差点儿感动得我掉下眼泪来。

　　这件作品完成后，我们的第一学年也已过完，从此就再没见胡子干过与绘画相关的事情，遇到劳动，大夏天他就披一件大衣，坐在太阳底下说自己感冒了，手里拿着一本书低头像要把书吃了似的读，大家也不知道他在搞什么鬼。反正，我觉得不爱劳动就不是好人。后来确定了恋爱关系，我要确定他不是坏人，便问他为啥不劳动，他回答说："一共就 2 年，在农村劳动了 20 年，好不容易上学了，不想用上学的时间再去干活儿。"后来才知道从这时起胡子的兴趣就转移了，他开始打算做小说家了。

第 3 章
充满奇异色彩的恋爱

自画像
李跃儿画于 1984 年

不小心成了"陈世美"

后来胡子不断地写一些莫名其妙的诗要读给我听,于是我总被他死缠烂打地约到他和同党们的一处"秘密根据地",根据地位于学校后面农场的猪圈旁,是一所给饲养员住的房子。

全校上千名学生中只有一人能成为饲养员,大家在猪圈里劳动时,饲养员担任指导员,负责给大家分派任务,安排工作,并且可能要向班主任汇报每个人的工作情况。那时同学们都想要好好表现,而班主任是不跟着我们一起劳动的,他想知道我们表现如何,一部分靠班里同学的反映,另一部分要靠担任饲养员的农工老大哥的反馈。胡子不知道怎么跟这个人打得火热,他经常把秘密场地分享给胡子,供他和他的三个同党使用。

有一天他们几个又约我到文学系的一个空教室里去听他们写的新东西,当我推门进去时,发现几个人都神情怪异,目光闪烁,我看到教室后面有几片水渍还留着泡沫。他们几个很快平静下来，假模假样地开始读他们的大作，我一个字都没听进去，心里觉得他们真坏，于是打算以后离他们远点儿。至于他们为什么单单叫我去听他们的诗，我当时一点儿也没有想过其中的原因。

一晃又一年过去了，马上就要毕业，想到我这样一个人，让人家费了那么大的事追了2年，干脆就答应算了，胡子听后，高兴极了。随后他就消失了，等回来后，他急忙把我叫到一个无人处，神秘兮兮地双手捧出一个巴掌大的荧光粉红色的塑料皮本子，本子上有一分钱十个的那种黑钢丝发卡，还有一个红塑料和假金属做成的宝石戒指，胡子一本正经地说这是送给我的，并要我去见他的爹妈。后来才知道消失的那几天他是去和家里商量退婚的事情。

原来胡子小时候就定了娃娃亲，他要退婚家里不同意，因为村里人会骂他是陈世美，据说他跟父亲大吵了几天，姐姐最后才拿着东西回到老家去跟女孩的父母说这件事情。

那时我考虑问题还是非常以自我为中心，从没谈过恋爱，也不能体谅一个女孩内心的牵挂。从小她就知道自己将来要嫁给那个人，而且看上去他已经飞黄腾达，很有前途，并且长得非常帅气，不知道她在梦里是否已做了新娘，在懵懂中对婚姻有所期盼，但就在要到结婚年龄时却被对方退婚了，10多年的牵挂成了空，内心会是怎样的感受。

高中毕业后胡子有一段时间被安置在小学当民办教师，他的娃娃亲对象就坐在底下，还是个小学生，我问胡子有没有看过那个姑娘，他说上课时用眼角扫过，那个姑娘有两条长长的大辫子，其他都没印象了。经过了一生风雨，有时真的觉得自己心有愧疚，都没有共情过那个女孩子的痛苦。

之后一起生活时，只要我一惹了胡子，胡子就装哭说："哎哟，我的大辫子呀！"但我要留辫子时，胡子却坚决反对，甚至会发火阻挠，这也许是良心谴责的结果，他心里还有那个大辫子的影子。胡子说自己讨厌辫子，我觉得这不是真的，毕竟胡子是一个心地善良的人。

但是村里十里八乡都骂胡子是"陈世美"。

恋爱智囊团

退婚成功后,他便搞了这些"贵重"物品来当作信物。

胡子有三个同党,班里叫他们"四人帮",他们成天神道道地聚在一起,来来去去,就像一群密谋造反的大臣一样。他们几人中吴少东是个白净的城里小弟,王忠厚长得人如其名,再就是胡子的同乡李友忠,长得像古代的文人,消瘦白净的面孔上满是斯文气,他虽也是西吉山里人,但却不像胡子那样有高山居民特有的黑红的皮肤。

这四个人为了找到安静的地方研究文学,煞费苦心地"贿赂"了饲养员,在那里建立了他们的根据地,并把它命名为"文学研究院"。

我答应胡子做他女朋友后,没几天就后悔了,去找胡子委婉地劝他去找别的女孩,所有女孩在此情境下可能都会找一个貌似谦虚的理由，如"这世界上比我好的女孩太多了，去找一个比我好的吧"，实际上还是看他不顺眼，而且考虑转战南北的老革命父母也不会同意我们这门亲事。胡子当时没说什么，我以为这么艰难的事情就这么轻易解决了。

没想到几天后，胡子把我叫到一处没人的地方，在兜里掏来掏去拿出一张小纸条，浏览一番后，情绪到位地开始骂我，而且在过程中又把纸条掏出来看了一次，我想上面一定列着骂我的提纲，那时人很傻，也没有察觉其中的蹊跷。

事情很明显，我提出分手，他不知道如何处理，于是就到猪圈"文学研究院"召集"恋爱智囊团"开紧急会议，经过集思广益，研究出要跟我对峙的提纲，而这家伙竟然笨到记不住，骂之前看了一遍，骂到中间大概没词了，于是又看了一遍。唉，这样的人怎么能嫁呢？

但我八成是有一种类似犯罪者的恐惧心理，在有人指出我的"罪行"时就焦虑到要死，探究起来这可能是妈妈爸爸在童年时对我们管教太严。我觉得父母对我们的教育理想不是让我们学习好，考上好大学，有份好工作，再嫁个好男人，好好过日子。他们的理想特别像是要把我们都变成"道德圣人"，就是那种能够踏踏实实一辈子扫厕所，不怕脏不怕累，最好永远都不结婚的人，因为总觉得婚姻事是肮脏恶心的。真的，这就是我妈妈传递给我的感觉。后来想想我们姊妹五个是怎么出生的，就又对自己的想法感到释然了。

在胡子的吵架提纲中，我只记得有一条是"虚伪"，被他骂完后，虽然觉得拿着提纲有点儿怪怪的，但我还是觉得人家说得对，我就是虚伪，明明看不上人家，偏说自己不够好，于是很惭愧，并且十分焦虑，感到心如刀绞。

之后胡子有几天没理我，但有一天他却突然来找我说让我跟他去家里，出于自责，我就乖乖答应了。现在想想那时信息获取没有现在方便，根本不知道心理学这个词，胡子他们是和我打了一场漂亮的心理战。

胡子的家这时已搬到离银川不远的一个村子里，那里五谷丰登，而且这次搬迁是只有18岁的胡子独自操办的，想想这家伙也真够厉害的，太有心思了，怎么能想到把全家从祖祖辈辈生活的土地上搬迁到这样一个人生地不熟的地方。虽然是鱼米之乡，但对我来说那里还是既偏远又落后的农村，而且那里没有通车。

在去他家的途中，我们还拐到县里的一个中学去见了胡子的一位女知己。这简直太奇怪了，到现在我都不明白胡子这样做的意图是什么，是要把好不容易追回来的女朋友气跑，还是要用新女朋友气走对他有意思的旧女朋友，还是想让我知道他是个花心大萝卜？反正那时我很傻，也不知道吃醋，他用自行车带着我，女知己自己骑着自行车，三人一起回到永宁县里一个偏远的村子。胡子家在这个村里是很贫穷的，而且是外来户，日子不好过。那时他们家刚刚盖起由土块垒的两间上房，我和女知己住在里屋，胡子和爸爸妈妈，还有弟弟挤在外屋的一铺大炕上。

吃了晚饭，天已经很黑了，胡子把我一个人扔在里屋的炕上，没解释就和女知己一起消失不见了，后来他说一起去散步了，在外面聊了好久。女知己是文学爱好者，胡子也想写小说，他们俩有聊不完的话题，反倒是我跟胡子在一起时从来没话可说，都是胡子常给我念我根本听不懂的诗，如果这些诗念给女知己听，应该会有热烈的讨论和赞扬。

后来胡子告诉我那天晚上在讨论完文学话题后，他告诉女知己我是他的女朋友，女知己听后脸一下就变白了。也不知胡子在黑夜里是如何看到女知己脸色微妙变化的。后来我反应过来，胡子带女知己一起去见他父母也许是为了让我吃醋，这是电影和文学中描述的追女孩子的桥段，反正当时我是被他骂得回心转意了，女知己没有起到任何促进我们爱情的作用。只是假设胡子不是为了让我吃醋，而是为了减少女知己的伤心采取了这样的策略，我还是蛮感动的，至少避免了又造出"大辫子"的悲剧。

我们结婚后，有一次收拾胡子的东西，打开他留下的一个本子，我才发现上面详细记录着胡子追我的过程计划，包括召开会议，每一次出现状况时的战略部署、调整以及执行后的反思总结。

我看到了那次骂我也是他们四人紧急开会讨论的结果，这时才反应过来他当时手里拿的提纲是会议的决议，还把骂完后该怎么办都写到本子上了。我为他的"阴谋"而气得大哭,而胡子却笑着说:"不骂你,你怎么能成了我媳妇呢?"我才明白这四个人在猪圈"文学研究院"的主要研究项目就是我,而且在当时,他们哪儿来的智慧,把我拿得那么准,说起来也真有点儿佩服,那可是封闭10年刚刚放开的日子,大家根本想不到这一套,但胡子却说这连只苍蝇都会。

节省出的饭票

过了一段时间后,女生宿舍里开始议论胡子的饭不够吃,饭票用完了,那时候的女生非常朴实,很有同情心,每个人都把自己的饭分出一份,盛在饭盒盖上端给胡子,胡子就把饭全部吃光了。

当时我心里想的是他怎么吃得了那么多,每次打饭窗口都会给一大勺,无论男生女生都拿着学校发的大海碗,那真是够多的,胡子不仅吃完女生宿舍六人分出的超过一大碗的饭,还能把自己那份也吃完,这饭量真是太吓人了。

过了一段时间又听说,胡子其实不是饭票不够,而是他把自己的饭票省下来,月底把饭票拿到总务处退成了钱。我们那时候饭票是国家补贴的,月底饭票吃不完可以拿去总务处退成钱,就这样,胡子每个月都能退出几块钱来。

我那个时候每个学期大约花 40 块钱，妈妈给我 20 块钱，已经在工厂上班的哥哥每个学期给我 20 块钱。我用这 40 块钱可以度过整整一个学期。而胡子呢，他本来一分钱没有，但他却能每个月拿出几块钱去供给家里，据说这几块钱已足够支撑一家人到粮食成熟前的生活了。哇，太厉害了，等于他上学的同时在挣着工资养着家。

　　胡子成了全校的明星，也成了我们班里的怪人。大家心里对胡子的情感应该是很怪的，记得那时候我很钦佩他，但对他的奇怪行为又感觉很不舒服。胡子自顾自地生活着，他没有影响任何人，也没有损害任何人的利益，只是跟大多数人不同。

　　有时候我在想，我们人类好矛盾啊，大家都在拼命成为不同的人，无论选择衣服、选择语言、选择行为，都尽可能地避开与别人雷同，但与此同时又对与我们不同的人和其他生命体是那样地不接纳，当一个与我们不同的人接近我们时，会引起我们微妙的生理心理变化。有时因为感到不舒服，我们会怪罪对方，产生厌恶、怨恨，甚至会有抱怨和攻击。

　　我常常想那些经过热恋步入婚姻的人，又有了孩子，后来怎么会恨彼此到那种地步，在恨到咬牙切齿必须分开时，有没有想过当初热恋时的状况，如果相信两个人爱过，那就意味着对方有可爱之处，而如今那些可爱之处去了哪里，是怎么消失得无影无踪，而只剩下这些可恨之处的呢？

我觉得这是值得我们探索和思考的问题，因为家庭不幸福，我们做什么都不会感到快乐，有的夫妻在这种状态中一熬就是好多年，甚至一辈子，其实发现了这个结，并且能够解开它，我们可能就会变得豁达和轻松，也就能创造出真正的幸福生活。

不爱"江山"爱"美人"

毕业以后,我回到了出生地陶乐,被分配到县第一中学教美术,那时候同学们都把陶乐看成一个流放之地。当时分配是双向选择,第一看当事人的愿望,第二看用人单位选择,第三回到自己的家乡。我不懂得创造条件,直接被分派到陶乐,而胡子在毕业很久之前,就已经在找工作机会。他在省里有认识的人,毕业时他的《十里长街送总理》雕塑作品获得了自治区文学作品优秀奖,那是参赛作品中唯一的雕塑,而当时自治区展览馆正好缺一个搞雕塑的人,于是胡子就被预定了,消息传出后大家都像看星星一样看着他。

我的毕业创作也获得了同样的奖项,但是我却默默地回到了陶乐县。陶乐县在黄河边,是一个小县城。它的一边是一望无际的沙漠。我们小时候一出家门就能看到远处干净明媚的沙漠,在美丽干净的肉粉色的沙漠深处，有一片片的绿洲，远远看去像是透明的翠绿色带子。小时候我常常看着这些翠绿色的带子发呆，想象着那里有仙女出入，凤凰飞翔，树下住着小矮人。

常常有沙漠里的狐狸跑到县城家属院的边缘处活动，那时一个家属院就只有一个公共厕所，晚上母亲都要去趟厕所再准备睡觉，她从厕所回来后常会神秘兮兮地告诉我们看到它就在那里蹲着，然后如何如何，母亲营造的氛围一直使我觉得她遇到了一个仙女或是鬼怪之类的东西，心里既害怕又向往。

县城的另外一边是很宽的黄河，常年流淌着浑浊的泥汤子，靠近一些就会闻到一股河流特有的香味，迷人极了。这条河流并不是我童年梦想的构成，因为母亲和父亲每逢汛期都要把我们姊妹扔在家里好多天，去抗洪保家，我们没吃没喝，每天都愁苦不堪地盼着他们回来，所以我不喜欢黄河。

但是黄河岸边的河滩是构成我整个人生最美好回忆的圣地，是我对世界和生命具有信心和热情的源泉，如果我活不下去，想了结自己的生命，一定会由于对这片河滩的迷恋而放弃这样的念头，而且我发现自己一生都在寻找有那样感觉的地方，去旅游，去养老，去写生。

一座梦一样的精致小城，就夹在这个美丽河滩和有绿洲的沙漠中间。小城中间有一个沙枣树围成的花园，那是县城里所有孩子的伊甸园。一到春季满城都飘着沙枣花香，无论你走到哪里，周围都是甜丝丝的香味。那里绿树成荫，种植着我们没见过的水果树，我们一年四季都在想方设法从那些熟悉的树洞洞里钻进去，如同地下游击队一样，既胆战心惊，又神秘幸福地满身起鸡皮疙瘩。

陶乐那种高级大气的美能养育任何一个心灵丰富的画家，胡子见我回了陶乐，立刻去找高教局要求把他也分到陶乐，这件事他并没跟我商量，那时胡子真有男子气啊，想想后来他的这种爷们儿劲儿荡然无存，又是如何消失的呢？这真是值得我们所有女人好好研究的课题。

有的人一生想尽办法要一鸣惊人，但却常弄巧成拙或难以成功，而胡子不费吹灰之力，一不小心就放出一个"大烟花"，震得地动山摇，而他自己好像根本不知道发生了什么事。

为了爱情放弃留在省城艺术殿堂的"壮举"又一次引发全校轰动，胡子成为一个为爱情献身的英雄，人们如同传播一人飞上天空那般神秘兮兮地传播着他的壮举，而我则讨厌极了，好不容易有个机会可以摆脱胡子，又这样丢失了。那时我一心想一辈子不结婚，把毕生精力都投到成为画家这件事上，胡子成为我理想的破坏者和阻碍者，这时爱情依然没有吸引我。

胡子家的丰盛晚餐

　　胡子真的辞去了省展览馆专业美术工作者的工作，提着一个颜色古老但很洋气的牛皮箱到达了陶乐。不知胡子是如何联系到县人事局，如何被接纳的，他真是太厉害了。我接到他后让他住招待所，他却很愁苦地说自己没钱，问能不能住我家。

　　那时我们还没有确定关系，也没有跟我爸妈说明我们的关系，父母是不同意的，而且我父母是很少让谁住进我家的。在我的印象里，只有姥姥姥爷来住过2个月，还有来投奔的父亲的侄儿住过一段时间，再没有其他人在我家留宿过，但胡子在这种情况下一直坚持请求。

　　胡子就这样进到我家，这样我们的关系也就算确定下来了，父母虽一百个不愿意也不好再说什么。恰逢五一假期，我便以他未婚妻的身份正式去见了他的父母。

　　胡子家里为了欢迎我，请回了远在他县的二姐，姐姐忙进忙出做了他们最珍贵的面精，用腌制的咸菜烩了，一家人摩拳擦掌等着把这道伟大菜肴端上桌，献给我这个尊贵的客人。

晚餐终于做好了，一家人围坐在低矮的小圆桌边，两个弟弟更是高兴得不行，看来他们都喜欢我，而且马上要有好吃的，一家人如同过年一样，我也被这样的气氛感染着。当热气腾腾的饭菜被端上来时，我才发现这次"盛宴"只有两道菜，佳肴被盛在两个大碗里：一个是炒成大块的黑乎乎的鸡蛋；另一个是里面有完整的"灰绿色大圆球"的蔬菜乱炖。

在一家人的热情过后，我盛满米饭的海碗上堆的菜已像小山一样高了，当我按习惯的方式从碗的一边开始吃时，我的脸大概被这高耸的菜挡住了一大半。他们只给了我筷子，没有给我勺子，我只能低下头去吃。好笑的是，胡子家人不但把我的碗堆成了山，还在"山顶"上安了一个滚圆的大球。它看上去很透明，是灰绿色，就像上等的玉石，我这个学习油画的人，对它充满了好感。我不知道那是什么东西，胡子示意我，很好吃，而胡子自顾自地大口吃着饭，一副得意的样子，好像给全家人追到了媳妇。

听说"山顶"上那个绿球好吃，我就准备啃上一口，思考半天从哪里咬它不会滚到桌子上，并且不会把汁水喷到我旁边未来公公的脸上。最终我用筷子按住球，一口咬下，一股酸酸的、透着霉味的汤汁涌进了我嘴里，差点儿被我喷出来。在硬咽下去之后，我问胡子："这是什么东西？"胡子自豪地说："是腌西红柿。"

我吃惊坏了，从来没听说过西红柿可以腌着吃。

我吃了一口，就再也吃不下第二口了。可我的碗里菜堆得那么高，使我在吃饭时已看不见别人，只好向胡子求救，这是我第一次感到有男朋友的好处。

胡子出生在这样一个家庭，而我是另外一个家庭，两个家庭文化差异如此之大，这会对我们将要开始的共同生活带来怎样的影响，这是当时的我们绝对不知道的，我们也为此付出过巨大的代价。可能很多人也有过类似的体验吧，如果搞不清，我们就会把本该创造美好生活的力量拿来指责对方，最后恨不得杀了对方，直到最后都不知道到底是哪里出了问题，只是盯着一些具体事情委屈和抱怨。

美好氛围下的一颗"定时炸弹"

吃完晚饭，胡子的父亲面带笑容，优雅地坐在家里最珍贵的八仙桌旁，慢慢地倒了一小杯白酒，优雅地端起来小酌一口，然后微笑着细语慢调地展望着家庭的未来。

正说着，胡子突然站起来说自己有话要说，然后不知从哪里掏出一大摞事先写好的稿子。胡子那天穿着一件当时最时髦的白色的确良衬衫，衬衫塞在最时髦的棕色筒裤的裤腰里，简直帅呆了。他站直了身体，面对着父亲开始念稿子，父亲依然面带笑容慢慢地呷着酒。胡子念稿子用的是家乡话，我基本听不懂，但是可以感受到他的语气是铿锵有力、义愤填膺的，大意是在批判他的父亲，只记得有一句是"人家打了你的左脸，你又把右脸伸过去"。

他父亲开始还沉得住气，一边听着，一边一口一口地呷着酒，胡子则慷慨陈词，稿子有好几页，他一直在念。这时不知他父亲小声咕哝了句什么，胡子就"啪"的一声直接倒了下去。倒下去时身体正好砸在刚才吃饭的小桌上，桌上还没收的大碗一下就扣到了他头上，碗里烩菜汤汁顺着流淌下来，头发粘到了脸上，白衬衫上也满是汤汁，胡子爬起来后就朝门外跑去。这时我才反应过来，刚才他应该是被爸爸的那句话给气晕过去了，我生平还是第一次亲眼见到人被气晕。

胡子跑出去后，他的姐姐大喊着追了出去，妈妈也跟在后面追了出去，家里只剩我和正在生气的胡子爸爸，两个弟弟好像都回学校去上晚自习了。

一会儿，妈妈搀着胡子一条胳膊，姐姐搀着另一条胳膊，出现在了门口。抬眼望去，他的形象冲击力强极了，头发湿答答地耷拉在脑门儿上，胸前全是棕红色的泥和水，看上去就像是血迹，活脱脱一个刚受完刑的革命青年。

我吓傻在那里，胡子妈妈朝着爸爸大声说："你看你，把他气得摔倒在稻田里了。"一直到现在，当我给朋友们讲到这一幕时，他们就会笑得后脑勺疼，笑完后还要逼问，他的父亲当时到底说了一句什么话，会不动声色地把胡子气成那样。当时，我坐在他父亲身边，只听咕哝了一句，的确没听清，而胡子站在远处，还在大声朗读发言稿，不知怎么就听那么清楚。

在我们生活的几十年中，我每每想起就去问胡子，当时他父亲到底说了一句什么话，威力会有那么大？胡子一直不肯告诉我，反正我心里的想法是拿着提纲跟女朋友吵架，写好稿子跟父亲谈话，这个世界也就仅此一人了。

一直到 2020 年，有一次下着小雨，我们俩偎依着坐在沙溪的门槛儿上看远方美景，我突然问胡子，能不能告诉我，当初你被气晕了，父亲到底说了什么？令我万万没想到的是，胡子竟然说："我没听清。"

我又一次笑倒，因为这么多年每次被问，他都一副心虚的样子，好像不能提，我想不通的是，没听清就没听清嘛，又不是对不起谁，干吗像干了见不得人的事情？后来我突然醒悟了，胡子对这件事情讳莫如深的原因，可能是觉得自己对父亲太不孝敬了，只因为父亲反击了自己，都不知道反击的是什么，自己就被气晕了，真是被惯坏的孩子。可是在那样贫穷的家里，父母又有那么多孩子，胡子既不是老大也不是老小，为何唯独把他惯成这样呢？也是奇怪。

老李家的傻女婿

胡子开始正式以我未婚夫的身份出入我家，我的爸妈是山东人，他们看不上本地人，胡子不但是本地人，还是本地人中的山区人，这还了得，想必我真的把父母愁死了。

我小时候听说，在西吉，一家人只有一条裤子，如果家里一个人有事要出门，其他人就得坐在只铺着草席的土炕上，大家盖着一床看不出颜色的破被谈古论今。但西吉人很重视文化，大人都喜欢字画，爱听古书。西吉人把国家救济粮吃完后，到了春天，就把国家救济的粮种也吃了，然后坐在外面晒太阳，我想，晒太阳的也应该是那些有裤子的富人。

胡子不幸正是西吉人，虽然进我家门时他脸上的黑红肤色已经淡了很多，但身上的"西吉气"很快就被我的家人嗅出来了。最先是我的大妹笑着从胡子与我父亲谈话的屋里跑出来，一屁股坐在木椅上学起胡子的样子：两只拳头紧握，胳膊像木棒一样直僵僵地交叉支在两脚间，两脚紧紧并在一起，就像穿着超短裙的女孩那样。我一边笑着，一边奇怪，胡子干吗要用这样一副姿态跟他的"玉皇大帝"谈话呢？

谈完话，家人准备了一桌丰盛的饭菜，胡子是我家五个孩子中第一个引进门的对象，爸妈虽然心里不太喜欢，但出于礼节，还是用最隆重的方式欢迎他。饭桌上，一家人为让客人感到愉快，竭尽所能讲着自己肚子里最有趣的话题，其他人都拼命配合着笑啊，接话茬儿啊。而胡子则毫无反应，只顾着低头吃他碗里的饭，而且只吃他面前的那一盘菜，我真的好难过。胡子自顾自地吃完了饭，突然问了我妈一个问题，我记得问的是有关炼钢的某个技术问题，一家人都呆在那里，不知该怎么回答，然后他说吃好了，突然站起来就走了，把一家人晾在了那里。

他走后，只剩下我们一家人，我爸先是"嘶"了一声，一脸迷惑地问我妈："你说我刚才给他倒酒，他是说'倒高了'还是'别糟了'？"然后我们一家人看着胡子的空位和放在桌上的空酒杯，热烈地讨论了起来，后来一致确定是"倒高了"。因为按他那个恭敬和拘束的样子，应该不敢指责我爸给他倒酒别糟了，可我爸说，那酒怎么能叫"倒高了"，后来家人大笑起来，发现这可能是个笨女婿。不过现在想起来他一头扎进我家，我家的繁文缛节那么多，父母又对孩子要求严格，胡子不知要多勇敢、多难受地熬过在我家的日子，如果换作是我，可能早就跑了。

晚饭收拾完，我俩单独在一起时，我问他"酒倒高了"是什么意思，他幽默地说了句"沙找找"，被他一打岔我一下子笑得没气了，因为我12岁的小妹管"沙枣枣"叫"沙找找"。再逼问"倒高了"时，胡子说他本来想的是"好了"，但一抬眼看到那酒竟比杯口还高出一些，以前也没有留意酒的这种特性，不知怎么就说了句"倒高了"，从此我的两个妹妹便以在他的行为里找到可笑素材来作为娱乐，父母心疼女儿，无奈也尽量以礼相待。

胡子在这段时期想做一个作家，每日勤奋写作，那个时期写的大多是剧本，内容大都是同情苦难的人们。作品完成了，他就自己扮演多种角色录音，拿来放给我和我的家人听，我真佩服我的家人竟那么礼貌地坐在那儿听，胡子完全把我们家想象成了学院里的文学课堂。每次听完，妈妈总是背地里皱着鼻子说："又喊又叫的，说了些啥！"

第 4 章
靠谱的新郎

胡子与李跃儿各捧一尊埃及法老石像的复制品
拍摄于 1986 年

胡子的"聪明"

我跟胡子约定,等毕业8年后再结婚,因为我认为自己来到这个世界上是为了当画家,而不是为了结婚,所以一定要等奠定了当画家的基础后再结婚。那时同意做他的未婚妻,也是想反正自己要当画家,先生不是我想要的,是他想要我,那么谁答应了我先当画家的条件,我就可以嫁给他。胡子是第一个想要我当他妻子的男生,也是答应我条件的人,我觉得答应当他的未婚妻就算行了,接下来我就可以去好好实现画家梦了。

可毕业一年半后,有一天胡子急急忙忙地从乡下的学校跑来说:"听说五一假期过后,领结婚证要交400块钱。"那时我们一个月工资才42元,我马上跑回家跟爸妈商量,他们将信将疑,但还是怕万一到时真要那么多钱,所以就让我跟胡子把结婚证领了。

证领了应该也就没事了，可没过几个月，胡子又跑来说听别人说我不跟他结婚了，并将结婚证拿出来，发脾气做出要将结婚证撕碎的样子，用激烈的动作小心地在结婚证没有字的地方撕掉了一个小角，以示威风。当时我吓坏了，拼命把结婚证从他手里拽过来，结婚15年后有一次拿出那张老旧的结婚证仔细研究了一下，看当时他撕掉的地方并回想动作，才发现其中的道道。

胡子不断地以这样的理由跟我吵架，后来为了证明自己，我决定当年的12月1日就跟他正式结婚，条件是不准办酒席，也不准请客人。胡子坚持说，银川他的大妈是必须请的，我也只好同意了。

不像婚礼的婚礼

结婚那天早上，胡子穿着一身当时流行的蓝涤纶料子的中山套装，头发两边鬓角处剪得秃秃的，脸也刮得光光的，我忽然发现他的上嘴唇那么突出地往前翘着，而衣服的前襟也配合着上嘴唇往上翘，再加上手里提着一个大包，要多傻有多傻。

新婚的早晨他就这样站在我家大门口喊"李跃儿，走"，我也赶快收拾了包，穿着妈妈精心为我做的一身豆灰色的套装，跟着他走了。后来妈妈说，我一出门，她的心像刀割一样难受，因为看着我和他走在一起，越看越感觉不般配，而等妈妈回家一看，我的爸爸正在被窝里偷着流泪。我俩浑然不知，就像工作出差，我傻乎乎地这样就算出嫁了。真感恩父亲和母亲，他们得多爱我，才会这样宠着我，由着我，就这样跟着一个他们不喜欢的男人走了。

到了银川,结婚日中午该吃顿好饭,但胡子非要吃油条喝鸡蛋汤不可。我有点儿伤心,不过一想自己人都嫁给他了,何必为一顿饭伤心,吃油条就吃油条呗。后来提起这事,我才知道那时他认为油条是这世界上最好吃的东西,这时我才想起,在西吉没见过人炸油条,陶乐也没人炸油条,所以可怜的胡子在新婚之日最想吃的竟然是油条。

黄昏了,我们到那位大妈家里,十二万分恭敬地请了那位胖胖的大妈。坐车到了永宁县,天已经黑了,到胡子的家还有10千米的石子土路。好不容易借了两辆自行车,我俩一人骑一辆,胡子的车把上挂着我们在银川买的唯一的结婚物品:一台录音机,车后面坐着我们唯一的客人,他胖胖的大妈,我们就这样上路了。

太阳已经落下了地平线,阳光已经照不到地面,但却射向天空,使瓦蓝的天空显得明净而神秘,路两边是高高的白杨,大地一片朦胧。我的新郎官奋力向前的黑乎乎的影子加上坐在后座上的胖胖的大妈,这景色简直是一幅木刻板画,我支棱了鼻子,眯着眼睛,一边闻着田野的新鲜味道,一边将我的新郎组成的这幅画收记在心间,准备回去赶快打成稿子。

这时只听"噗"的一声,胡子和大妈的造型变了,胖胖的大妈不见了,只有新郎的剪影依然在奋力向前骑行。奇怪之下,我赶紧向地面看去,马路中间大妈黑乎乎的影子像是躺在自家的炕上。我大叫:"徐晓平!大妈摔下来了!"这时胡子已骑出去10

多米远了，他慌忙下车回头一看，便"哐"的一声，将录音机和自行车一起扔到地上，一扭一扭地跑向大妈。幸好大妈没事，胡子将大妈扶上了自行车，一查看，原来自行车的后座支杆被压断了。

惊魂未定的我们，互换了自行车，新婚的两件宝贝都受了伤，大妈不知摔坏了没有，录音机恐怕已难说了，好在自行车还能骑，新郎和大妈又恢复了之前的造型。

我已无心再体会美景，开始担心那位依然在奋力向前的笨女婿，这时我怀疑他不仅笨，可能还傻，要不怎么车上的人掉在地上都没发现呢？而且把车子支起来和摔下去所用时间是一样的，干吗非要把车子再摔一下？万一车子坏了，人有问题要怎么送去医院呢？

好在我还骑着一辆车，如果今天是他自己遇着这样的事，这样处理，那不完了吗？大妈可能很疼，但忍着没吭声，我心里难受极了，先生笨倒也无所谓，反正往后的日子我能画画就行了，可那位大妈，那么大年龄了，为了我们结婚受那么多的颠簸，现在又被这样重地摔在路上，还要忍痛坐在后座上再颠簸一个小时……我因为心疼大妈而开始恨胡子，却不恨自行车不结实，也不恨大妈重，可怜的胡子，新婚之夜就被我骂了半个晚上，一声不吭闷闷地坐在那里。

勤奋画画的蜜月

20天的婚假在胡子不断给我找模特的行动中很快过完，回到陶乐，学校给了我们一间宿舍，我们就将家安置在那里。宿舍在学校院子里，门对着学校的大门，老师上班，学生上学，都从我家门口路过。若遇上中午或晚上吃饭，我在屋里做饭，胡子便蹲在门口吃饭，无论哪位老师从门口经过，他都会向人家打招呼说：某某，来我家吃饭。好像人家里都缺粮食，而我在屋里特别紧张——如果人真的进来了，只有两碗饭，岂不是太尴尬？

一转眼，我们结婚后的第一个春节就到了，胡子作为我们家第一位来自别人家的男人，帮着准备过年，女人们都忙着炸油饼，男人则打下手。胡子穿上那身自己都不愿穿的新郎官套装，在屋里屋外转了好几圈，不知坐下好，还是站着好，更不知道该干点儿什么。我和妈妈妹妹们又说又笑，在油锅旁忙着和面，要炸够一个春节吃的油饼子,那时候这是家家户户过年必做的事情。

我妈看到他难受,想给他找个差事,让他别拘束,就喊他(用一口山东腔):"你到外面小伙房把铺着报子(纸)的筐子拿来。"胡子立刻一脸认真地去了。良久,我们的油饼眼看就放不下了,却不见他拿筐进来,终于来了,乖乖站在母亲身边等着帮忙。母亲夹起油饼准备往筐里放,回头一看,胡子没有端着筐子,两手却提着一个黑乎乎、脏兮兮的塑料编织袋,就是平常人们用来装化肥的那种。他走到锅灶边,两手撑着说:"拿来了。"

我们回头一看,都笑到要死,他一脸的迷茫,一脸的认真,那时我们真的觉得他脑子绝对有毛病,我的大妹说:"这怎么能装油饼呢?"他吭哧着说,可小伙房里只有这一只袋子。我妈妈说:"不是让你去拿里面放着报子(纸)的那个筐子吗?"胡子一脸困惑地说:"筐里没有包子呀!"

这时我们几个才都明白过来,宁夏人管麻袋叫"包子",而我妈妈的山东话把"报纸"说成了"报子",正好是宁夏土话的"包子",于是就拼命地去找麻袋,说伙房只有一个类似麻袋的东西,就是这个。

我真的不能理解,我们一家人也是完全不能接受,觉得胡子怎么会这样?一般人如果没有听懂,没有找到东西,肯定会回来问一声,大家也就明白他听错了,而胡子却努力地找,一定要找到那个麻袋,最后提一个破烂编织袋来到锅前,自己还感到莫名其妙。普通人想一想也会懂得，这家人是讲究生活的，怎么能把过年的油饼装在这么肮脏的袋子里呢？我的两个妹妹从此真正认定他是傻女婿了。

后来我们学习了儿童发展心理学，知道儿童在 2 岁左右要发展人格深处的一种对自然空间、生活事物因果关系和永久客体等的认知，要把这些概念建构为人类精神的内涵，成为精神的一部分，所建立起来一种灵魂深处的对于事物因果关系的判断和处理，会成为这个人长大后不用专门思考也能反射性使用的能力。

我这才知道胡子是敏感期没有建构好才会出现此类问题，在别人看来这些问题根本不需要学习和讲解，但是胡子不行。胡子也常会因为生活中的这些小小的事情变得狼狈不堪，他自己也感到羞愧和沮丧，所以他在自己能够控制的事情上就非常努力地获取成就以弥补日常生活的种种挫败感。而我几乎跟胡子完全相反，在生活小事上极其灵活智慧，在大事情上却显得笨拙不灵光，但是胡子关注欣赏的是他做不好的那一方面，我想这大概也是胡子喜欢我的原因吧。

婚姻中的"取长补短"

胡子和他的家人把我视为掌上明珠,我家也因为有了这么一个完全不同的人而感到新鲜。我俩常去我妈家吃饭,回家的路上每当走到有沙枣树的花园旁时,胡子嘴里便发着"噗噗"的声音,模仿当时刚流行起来的武打片里的动作,不停地拿我当靶子,我则笑评着他那些可笑的动作,那时不知武术真打是不会发出"噗噗"声的。胡子练得很认真,并不是玩,说是练好了准备日后碰到坏人时保护我。

因为我日后打算到处去画画,所以听胡子这样说很感动,也有点儿踏实,有这样一个做任何事都在为我考虑的男人,心里暖暖的。练过几天,他感觉动作像电影里的了,便很想让我欣赏,经常说:"看我腿踢得多高。"我也不搭理,偶尔看一眼,他便"噌"地一下把脚踢过头顶,结果发现他踢脚的同时身子是弯下去的，其实脚离地面也就两尺高。我大笑着揭露他，他很认真地不好意思起来。胡子每天一如既往起早贪黑地研究文学、哲学，自己读什么书就给我讲什么书，每天下午下了课就开始写作，我无聊时就会捣乱干扰他。

有一天他把画夹子挂在我的肩膀上，把一个马扎子递到我手里，把我推出门，说："到学校后面画柳树去吧！"我便乖乖地向那里走去。

那是一片美丽的田野，极有灵性的大柳树长在一条很古老的小水渠上，远处的大渠坝上则长满了茅草，在农田间有一片浓密的大树，无论抬眼望向何处，都是田园诗般的风景。每天我在那里画到天黑，到家后胡子都迫不及待地打开画夹子，拿出我的写生作品拼命感叹。说实在的，如果哪一天他感叹得不太真心，第二天我就没心思去画了。这成了我以后的习惯，凡是我的作品，必须得到胡子的肯定，我才有兴趣继续下去，若哪一幅画他说不行，我肯定也会将它扔到一边。

晚上他便将我们唯一的台灯换上绿色灯泡，用被子和枕头在床上围一个舒服的圈，将我围在中间，然后播放肖邦的钢琴曲，让我静心体会。我经常是没听几分钟就睡了过去，一直到现在，无论在哪里，我都不能听肖邦，一听就想睡觉。和胡子在一起生活的这20多年，胡子不断一脸沉迷地启发我去听肖邦，我反而谁的都听了，就是不听肖邦，胡子一直对这件事情感到不可思议。

每天饭后胡子都要陪着我到另一条通向沙漠的路上去散步，评点着哪一块像凡·高的画，哪一块像高更的画，说实在的，在那些日子里，我心灵的感受才刚刚被唤醒。

胡子在生活事务上是如此艰难，但他在艺术的感知方面却是天才，而且天生悟性很高，很懂得避开"短板"去发挥自己的长处，他知道自己是一条鱼，于是他不去逼自己爬树，而我正好相反，我不知道自己是一条鱼，发现不了自己爬不了树，还死活要去爬树。

提着大棒保护妻子

有一天我提议到离学校不远的一个村子里去买鸡蛋,那时商店里没有鸡蛋可卖,大家都要到农村去挨家挨户收。离学校不远的一个村子里住着我家的一个旧相识邢大爷,我们就去他家里买鸡蛋。邢大爷家有一条大黑狗,又大又凶,村子里人都知道。

我很害怕狗,于是问胡子:"怎么办?"胡子忽地一下就出去了,回来时,不知从哪里找到一条胳膊粗的大木棒,说:"不怕,有我呢!"我顿时幸福感爆棚:有一个男人挺着胸脯提着木棒,专门是保护我的,这感觉可是太棒了。这大约是我最小鸟依人的一次,自己提着篮子在前面走,后面跟着提着大棒的专职保镖。

一路走去,到了村里,我们不敢靠近邢大爷的家,就站在前排房子的后墙边,大声喊:"邢大爷,邢大爷!"大爷很快从门里探出身来,提了狗绳,说:"狗有铁链子拴着呢,过来吧。"我们便放心大胆地过去，那条狗则拼命跳着朝我们狂吠，看有那么粗的铁链拴着它，我们就放心地进了大门。

刚进院门，脑子里还飘着刚才的想法，还没反应过来，就见一团黑影朝我扑了过来，我大喊一声本能地退向墙角，那条狗则从我身边冲了过去，可能我的尖叫声也吓到了它。

我的心都快跳到嘴里了，两腿发软，这时才想起手拿大木棒的胡子，看了一圈周围没人，墙外也没有，氛围中有一种令人恐惧的魔幻感。这时我觉得背后不对劲儿，转头一看，我那练了很久花拳绣腿，特地提了大棒的老公，这时正紧紧抓着大棒躲在他的娇妻身后呢。

我顾不得多想，哈哈大笑起来，回来后当笑话讲给我的家人听，两个妹妹笑完之后立刻提出：必须跟他离婚，这时我也才转过神来，这样的男人怎么能嫁呢？回家后就找胡子算账，他使劲儿道歉，并连说纯属本能，并笑着说："哎呀，狗又没咬着你。"这事也就算了。

第 5 章
梦一样的西吉

版画，画中为胡子老家苏堡
第六届全国美术展参展作品
李跃儿创作于1984年

西吉带给我的永恒记忆

作为教育工作者，我在实践中发现，真正的教育不只是教育者通过抄写问答等形式把他掌握的知识传授给被教育者，更加重要的是如何发掘被教育者的天资，弥补其不足，教育者应该不遗余力地对被教育者进行人的基础功能和对社会有建设性付出特质的发展建构。这种教育是建立在被教育者的经验知识基础之上的，因为世界上所有的事物都是各种逻辑因果聚合在一起形成的结果，而一个人对事物的理解，则是源于他自我的知识和经验。

举个例子，一个人理解"疼"字的意思，首先他得疼过，当他经历过这种感觉，又遇到机会与"疼"这个字相匹配，才能理解疼是什么。当很多人在一起，由一个教育者讲到疼这件事时，每个人都会用自己的经验来理解疼，疼这个字的发音和它所包含的意思是大众知识，但若没有个人知识就无法理解大众知识。

从另一个角度来看，事物的出现是众多因素作用的结果，如我要做一个画家，无法只通过拼命练习，就完成特别有价值的创作，而一个人想要成为音乐家，也不能只通过学习音乐知识，练习技术，就能成为音乐家。

教育者也是一样的，如果他没有生活，没有体验，不能从生活中"咂吧"出有趣的事情，只不停地去学习教育知识和技能，那这个人一定不会成为一个很好的教育者，尤其是幼儿教育者。

教育者面对的孩子，正在展开他们身体里作为一个人的发展计划，就像一只蝴蝶刚从蛹里出来，它的翅膀团在一起，那时我们完全看不到它翅膀的样子。只有在后来的时间轴中，那堆皱巴巴的东西慢慢展开，我们才能看清楚翅膀的图案和形状。当蝴蝶飞舞时，我们才能领略到那对翅膀的灵气，那时候展现出的完全是翅膀被拥有者使用后的光彩。孩子就如同那只美丽的蝴蝶，而我们必须知道要看到美丽的翅膀就必须耐心等待，要感受蝴蝶翅膀的震撼，就必须有一颗欣赏美德的心。

孩子需要我们成人的帮助，他们灵魂特质有一部分正源于我们成年人的精神熏染，我很庆幸，在我和胡子结婚后，胡子开始熏染和唤醒我沉睡的灵魂，回他的老家西吉就是这样的一趟心灵之旅。

曲折的回家路

我们是12月1日结的婚,结婚后不久学校就放寒假了,所以我们就很时髦地拥有了第二次新婚蜜月。

已成为我老公的胡子决定带我回他那充满苦难,曾被人们瞧不起的家乡,去看看那里人们的生活。

我对胡子的家乡充满了好奇,因为之前听过"一家人只能穿一条裤子""在炕沿上挖泥坑坑当饭碗"这样的传说。而且我是画画的,听说那个地方才刚用上电灯,人们还保持着非常原始的打扮,所以我想到那里去画一些速写,寻找一下创作灵感。

我们从陶乐县出发,大早晨先坐公共汽车去到平罗县城,然后再转车去往银川。汽车要先上到黄河的摆渡船上,经由摆渡船到达河对岸,然后再走很长时间的土路。一路上飞起的黄土使我们都看不到后车窗外的景色,等到平罗时,我们每个人都变成了

"兵马俑"。

坐了3小时的车到达银川后，我们再搭车到地级市固原。到固原时已是晚上，我们在一个极破的、充满煤烟味的旅馆里住了一夜。第二天再坐车去往西吉，到达西吉后，我们又在一个车站旅馆里住下。旅馆房间里支着几张大钢管床，床上铺着很难看的粉底蓝花床单。整个旅馆只有一个肮脏的土厕所，位于院子最远的拐角处。

一到西吉，胡子就去找车了，我在旅馆里环顾四周，看着院子里走动的人，恍然感觉自己像是通过时间机器穿越了。人们的衣着跟胡子刚来学校时的一样，如果把当初的胡子扔在这个旅馆里，就不会感觉那么突出和奇怪了。

没有从西吉去往苏堡的班车，胡子需要找到拖拉机这样的交通工具才能去那里。那时普通人家里没有拖拉机，只能等到大队或县里要送货或者办事才有拖拉机下去，我想一定有不少人在等这样的车。

我问胡子："以前没有拖拉机时，人们怎么进城？"胡子说："大多数人从来没有离开过他们住的村子，所以大多数人也不进城。"我又追问道："那万一要进城怎么办？"胡子说："这个嘛，骑着牲口算是好的，大多数要步行。"我问："有多远？"胡子说："挺远的，步行要走两三天。"我感觉也不是很远。我们在西吉县城里住了3天，才找到一辆去往苏堡的手扶拖拉机。

坐着这辆拖拉机往胡子家乡走的过程，我已喜欢到不行。每个山洼，每条路的两边都是一幅画，而且非常美，非常有诗情画意。离开西吉县城后，拖拉机在崎岖的盘山土路上走了上百里，才最终到达此次旅行的目的地苏堡。

当看到胡子的家乡时，我吃惊坏了。时间已是傍晚，我们来到一面山坡前，村庄正位于这面山坡上，看到山坡对面群山起伏，山下还有一个非常漂亮的大湖，这时家家户户的灯都亮起来了，看上去就像是山城重庆。我一下就喜欢上了胡子的老家。

村子里的特别人家

胡子为什么在那年要带我回他的老家，我后来才明白，因为胡子的家庭在当地非常特别。

胡子的爸爸曾是一位国民党军官，当初解放时投诚被政府接纳了。爸爸被安排了很好的工作，有着体面的收入，住在兰州城里，在1956年家里就有保姆。从照片上看，胡子爸爸非常英俊，胡子妈妈则穿着当时时髦的列宁装，双排纽扣，雪白的衬衣领子翻在外面，留着两个大辫子，辫梢上扎着白色的蝴蝶结，这是大家在电影上能看到的最洋气的装扮。胡子的两个姐姐都非常漂亮，头发上也扎着大蝴蝶结，穿着漂亮的小裙子。

但是为什么从兰州跑到这里呢？胡子说，爸爸在兰州时得了病，严重到吐血，他不忍心再去连累政府，所以坚决要求辞职，带着三个孩子回到了西吉老家。

胡子爸爸退职时政府给了2000块钱的退职费，记得我爸爸在20世纪80年代算干部，月工资有90块钱，这份工资够养活我们一家姊妹五个，加上我妈妈，还有我爷爷。在胡子1岁多时，他爸爸得到2000块钱的退职费，在这个地方钱的价值会更加不同，这些钱对生活意味着什么，我真的无法体会。

　　胡子爸爸是一个特别浪漫的人，他回去后把他老弟兄的几个家庭合在一起，把这笔钱完全交由胡子的六爸爸——胡子爸爸的第六个弟弟——去管，自己放心地去享受生活了。

　　六爸爸和五爸爸完全是在这个山沟里长大的，可能都很少见到10块钱的票子。听胡子讲，他们一个月似乎只用一点儿油，用筷子蘸一下滴在锅里，或者给一大锅汤里滴上几滴油，就这样过生活。

　　可很快这些钱就用没了，老弟兄几个又提出分家，胡子一家分到了一孔土窑。胡子的爸爸妈妈领着他姊妹几个住在那里。到了这一年的春节，家里一粒粮食都没有了，揭不开锅，胡子妈妈就让姐姐端着大碗去借半碗面来，好准备晚上的年夜饭。最后却被对方嘲笑了，姐姐只能哭着回来。

　　胡子记得他们当时是用草籽和着一点儿野草籽的粉下到锅里，加上苦苦菜做了一锅汤，就过了这个年。后来胡子他们更是差点儿被饿死，胡子说他饿得吃过土，就是路上被踩成面的那种土。

在村子里，胡子家是最特别的一家。他们从大家都向往的兰州来到这个村子里，爸爸又曾是一个在国民党部队里担任少校的军官，姐姐有文化，妈妈原先也是大户人家的女儿，受过一定的教育。

胡子家的祖上也是很有文化的家族，后来我看过他们家祖传的家谱，用一个巴掌盖下去就能盖住五个进士。他们家出的最后一个官员是天水的一个县官。我还见过非常大的画像被装在一个大木匣里，还有当初皇帝赐给他们家的各种各样的东西，都被包起来塞在一个亲戚家的房顶上收藏。这个家族里的人身上荡漾着一种文化传承的力量和审美素养，他们不安于现状，想要更加努力地改变命运，这也造就了胡子父亲的浪漫主义人格。

那时我觉得胡子带着我算是衣锦还乡，让村里人看一看"现在胡子是什么样子"，而且他娶了一个城里的老婆，老婆虽然不太漂亮，皮肤也挺黑，但是看上去还是蛮洋气的。因为胡子希望老婆漂亮，我买了第一件羽绒服，那是一件非常漂亮的蓝色带风帽的羽绒服，那个时候村里人还是第一次看到这样的衣服。

我们的到来使全村像过年一样热闹，大家像看珍稀动物一样来围观我们，现在回想起来胡子当时感觉一定很光荣。五爸爸和五娘接待了我们，我们就住在他们家里。五娘的儿子叫大孟，那个时候他才新婚1个月，老婆却跑了，大孟就去新疆找老婆了，五娘就把大孟的新房安排给我们住。床上全是崭新的被子，但是被子里边已经黑黑的了。

到了五娘家,胡子就跟男人们坐在屋里的炕上,喝着罐罐茶,嘀嘀咕咕地说着当地话,我一点儿都听不懂,但能感受得到他们的亲切与和谐。

姐姐的抗争

这一天，胡子在跟家族里的男人们聊天，我一个人坐在大孟新房的土炕上，土炕很暖。一会儿胡子从男人的屋里来到新房告诉我，大家都在议论自杀的大姐姐。

在胡子十二三岁时，大姐姐因为不生孩子被婆家欺负，回到苏堡，有一天她事先砸好一碗杏仁，下午就到我们看到的那个大湖边上去洗苦苦菜，一边洗菜一边一把一把地往嘴里送杏仁，到了晚上胃难受得不行，她惨叫了一晚上，婆家都没人来看望，到天亮时就去世了。在这之前大姐姐因为受不了婆家的压迫，一直向自己的父亲要求同意她离婚，而父亲为维护自己的道德形象，坚决不同意她离婚，大姐姐最后就只能选择自杀。

胡子说，在他们家最穷的时候，大姐姐总是想办法回家来。那个时候大姐姐每次回来，都提着一个小袋子，一进门就掏出那个小袋子，胡子他们就知道有好吃的了。如果是一个或者两个馒头，就会被掰成很多块，每人只能拿到一小块。胡子两只手捧着一小块馒头，找到家里最隐秘的一个地方，要好好地一点儿一点儿地嚼这块馒头，去享受馒头的香味。

大姐姐自杀后，胡子经常会出现幻觉，觉得下一秒大姐姐就迈过门槛儿回来了，当意识到大姐姐再也不会回来时，他的内心是那么痛苦和悲愤。

胡子跟我说，他去买一些彩纸，要我替大姐姐做一些衣服之类的祭品。等到黄昏我们走过这个湖面，因为湖水冻上了，我们可以从湖面走到对岸去，大姐姐的坟就在那儿，我们去给姐姐烧纸。

我用花花绿绿的纸做了各种各样好看的小衣服、小裤子，觉得很好玩，想象真有一个人穿上这样的衣服会是什么样子，又做了镜子和梳子。我将它们装在背篓里，背着背篓，和胡子在冰上玩着玩着就到了大姐姐的坟前。

我们到了跟前却发现坟上烂了两个大洞，应该是老鼠打的，已经多年没人上土了，不仔细看根本不知这是个坟。胡子很伤心，面色深沉。我见到坟上的洞，心里多少有点儿害怕，胡子认真地将我做的那些东西掏出来放到坟前，将五娘准备的油饼和酒，还有买的水果罐头也放在火堆旁。做完这些事，胡子拉着我说"走"，回去的时候我们一路沉默。

快到村子时，我问他家里为什么不给大姐姐迁坟，他说，因为大姐姐已嫁了人，应该由婆家来迁。因为丧事是一个亲戚办的，亲戚当时随便一埋了事，之后这位亲戚的老伴儿就一直病着，乡亲们都说这是因为大姐姐对他有怨恨。

不是医生的"医生"

就在给大姐姐上完坟第二天的晚上,胡子就发起了高烧,浑身颤抖,我将所有被子都压在他身上,五娘将炕烧得热到把我穿在身上的衣服都烙煳了,胡子还是发抖,还是冷,体温大约有40摄氏度,他哼着说自己感冒了。

好不容易挨到天亮,我们去镇上卫生所输了液,据说他以前感冒,一输液就好了。谁知几瓶液体输进去还不见好,眼看着胡子脸颊都凹陷下去了,面色苍白,我开始有些着急。

这几天一个人出去画画都很不自在,那么多的狗跟着让我害怕,走到哪儿都有人围观,人们又不问你是谁,只是张着嘴直勾勾地盯着你看,有时我走他们也走,我停他们也停。画画时有一圈人这样盯着,浑身难受。

第三天下午我从外面回来,发现炕上蹲着一个人,手里拿了一块馍正在吃，他边吃边嘟囔着什么。二哥海海小声告诉我，这是位"先生"。二哥又小声跟我说，平平怕是遇了邪，我会意地点点头。那先生还在推辞着，见我进来便大声说没有鬼，哪有鬼之类的话，他在以前的运动中肯定吃了不少苦，看来是极害怕像我这样城里人模样的。

我当然不信中邪的说法，但也没有其他办法，想什么都试一下，万一有用呢？于是走过去对那位先生说，咱们中国很多人也在研究鬼，外国人也在研究鬼，科学家也在研究，不过他们都不管这叫鬼，不管叫啥，你只要能治好他就行。

先生听了这话，面露愉悦，说："唔行（注：方言，意为那就这样定了）！"

先生吃完了馍，站起来，我怕他不好意思，就到外面站在门口，二哥海海找来了几个小伙子，每人提着一根大棒，到了胡子躺的屋，这时夕阳正好斜斜地照在院子里，感觉氛围奇妙极了。

这时突然从屋里传出了一个好听的男中音，像读诗一般，读着节奏极强的话语，每读完一句，大汉们就像古戏中升堂时喊"威武"的衙役一样用大棒有节奏地捣地发出"嗵嗵嗵"的声音，他们重复先生说的每一句的后三个字，好听极了。

先生说："嗒嗒嗒嗒，嗒嗒嗒。"众人说："嗒嗒嗒。"

那时候我才真正领略民间文化是怎么回事，这才是真正的文化，都是发自人们心中，是他们的生活，而且是那么好听。

人们一点儿也不觉得好笑，认认真真地做这件事，先生在地上边跳边说七字话语，每说完一句，就对着胡子的头顶一前一后地颠上两脚，前后摇晃着，跳动着，大汉们在边上围成一个半圆，每个人用手中的大棒上下捣着地，整齐得就像经过训练一般。

　　我还没听够，他们就做完了，大汉们先出去了，我走进屋子，先生往外走，我就往他上衣兜里塞了5元钱，他极高兴的样子，说道："唔，晚上就好咧。"我一边笑送他，一边心想："唔就神咧（注：方言，意为那真就神了）。"心里真是不信胡子输液都没用，被他这么念几句就好了。

　　五娘心疼地说："给的钱太多了，有两个元足够了。"胡子躺在炕上，样子可爱极了，身上挂着小黄纸人，头顶还有几根冒着烟的胡麻柴，我拿起一根在他的脸上绕了几圈，他说这个先生吐了他一脸唾沫。

　　过了几天，胡子的高烧退了，也不知是胡子的自愈能力起了作用还是先生"作法"见了效。我只当是看了一场民俗表演。

狗的合唱团

　　黄昏，家家户户的烟囱里冒着炊烟，不做饭的男人或蹲在自家墙头，或站在院门口聊着天，孩子们赶着饮完水的牲口，村妇挑着水，身子一扭一扭地往家走。我俩从村中走过，人们都在注视我们，胡子一下来了劲，像一个视察农村亲民的大明星，一路走一路跟各家门前的人打趣，我跟在他身后，就像是明星的女保镖一般，也很是得意。

　　正满心得意，心思飘在半空，我突然听到了极可怕的声音。胡同里窜出一条大黑狗，极凶猛地追了过来，其他狗立刻也从胡同里跟出来，汇成一大群，一起狂叫着。

　　我大叫一声钻进一条小巷，并朝胡子大喊："快跑！"胡子此时正潇洒地敞着军用棉大衣的襟，感觉良好地走着，回头一看两边的狗已阻断他的去路。这时各家的人们都在自家墙头上看着热闹，哈哈大笑。我非常气愤于他们见死不救，自家的狗咬人，他们也不出来管管，我于是朝他们生气地大喊："你们也不管你们家的狗！"

胡子见状猛跑起来，狗子们爱追逃跑的人，便没再理会我。眼看胡子就要被追上了，从我的位置看去，最前面的大黑狗已经能咬到胡子的小腿了。我好害怕，觉得今天又有麻烦了，胡子的感冒刚好，腿肚了就被狗当面包了。

这时只见胡子突然站住，狗子们也跟着停下，有的坐在地上还往前滑了一段。狗子们搞不明白是怎么回事，所以都不敢向前，也不知该如何决策，于是只能猛力瞎叫。

胡子突然转过身来，摆出演员在台上开演前的姿势，夸张地用手捋了一下头发，头往后猛地一甩，两只胳膊抬起来。狗子们更加糊涂了，抬起头"汪汪汪"直叫，这时胡子突然对着狗子们做出了指挥家指挥合唱的动作，狗子们俨然成了一个合唱队。

村民们哈哈大笑，围观的人越来越多，胡子得意地卖力指挥着，狗不知该撤还是该留，继续叫着配合着胡子的指挥。我笑得蹲在了地上，一直到狗子们"唱"得没趣了，才一只跟着一只离开。

胡子这次用智慧化险为夷的经历，变成了一个幽默故事，被人们当作茶余饭后的谈资。因为胡子不再发烧了，我请求胡子带我到其他村子看看，去采采风，多看一些风土人情。

后来胡子带我去陈村采风，为预防再次遇到狗，他想到了用点燃炮仗吓唬狗的办法,但后来真的遇到大狗时,他却连掏出火柴的时间都没有。

我心想,这个胡子到底是聪明,还是不聪明,到底是智慧,还是傻呢?我心里突然涌出一个想法:这个人不但有很多让我想不通的奇怪行为,还这么愚笨,这么不勇敢,那我为什么要选这个男人做我的老公呢?当时我就有点儿后悔,为什么他追我,我就非要嫁给他,他追我,我可以不嫁给他呀。这是我结婚以来第一次发现,自己嫁鸡随鸡,嫁狗随狗,却嫁错狗了。

两个人已组成了家庭,在这种情况下,如果我们对彼此不满,认为凭什么他就命好"娶了我",我就命不好"嫁给他"。作为一个女人,一直委屈,一直伤心,一直不满,那么毁掉的就是整个家庭的幸福,同时我们不仅无法让自己得到幸福生活,也可能把对方的好运变成霉运,因为他有一个不幸福的老婆。

如果生活中出现这样的情况该怎么办呢?唯一的办法就是改变自己的心,改变自己对事情的看法,不要盯着那些让自己不满意的事情,让它成为植在心间的一颗有毒的"种子"。

比如,胡子用鞭炮吓唬狗,他用了这么笨拙的办法,根本就吓不到狗,而且狗来的时候胡子总是躲在我后边,如果我对此不满,并且一直把这种不满留在心中,这几颗有毒的"种子"便会慢慢长大,每遇到一次类似的事情就等于给它浇了一次水,上了一次肥料,它们的生命力本就极其旺盛,再得到我们不断地浇灌和施肥，它们就可能长成参天大树。随着时间的累积，它会长得无比巨大，遮盖所有能让我们感觉幸福的角落，遮盖了我们另一半的所有优点，使我们只看到黑乎乎的一片缺点。

然后我们就开始讨厌这个人，开始生这个人的气，最后弄得他见到我们就愁得要命，然后就不回家，或者回了家以后赶紧钻到自己的屋里不出来，或者想尽办法不看我们一眼，这个时候我们就更加伤心，更加恨嫁错了人。

如果换一个角度来看，看到胡子是多么想去保护我，多么想去好好地爱我，当走到一个陌生的地方，有一个这样的男人在前面带领是多么幸福，只凭在这个世界上芸芸众生中有一个男人心里有我，想要如此保护我，还想出那么多的办法，想要去解决我的恐惧，去爱惜我，我就被温暖到了，如此，我是不是也是一个好运的人呢？

也是很多年之后，胡子才告诉我"实际上他也很怕狗"。原来胡子对狗的害怕其实是超过我的，因为他曾经看到别人被狗撕咬得鲜血淋漓，狗也曾经差点儿咬上他。

胡子自己对狗是那样害怕，却没有告诉我，他一门心思想办法克服恐惧，竭尽所能保护我不受狗的伤害，实际上他是一个勇士。这样换一个角度去看待，我内心拥有的就是温暖和感恩，由此幸福感就会生出来，也会觉得自己的命很好，遇到了这样爱我的男人。

当我们一直这样思考，我们只关注事情负面的习惯就会改变，那些不好的东西就不会被放大，即便是它偶尔被种在心里，由于得不到水和养料，它也不会长成参天大树。

　　实际上，婚姻可以让我们练习如何转变视角，去包容对方的不完美，如何把不幸福转变为幸福。保护我们的家庭使它其乐融融，使它温暖，使它成为每个人舒服的窝，每个人都可以尝试做这件事，这是一种非常有趣的人生体验。

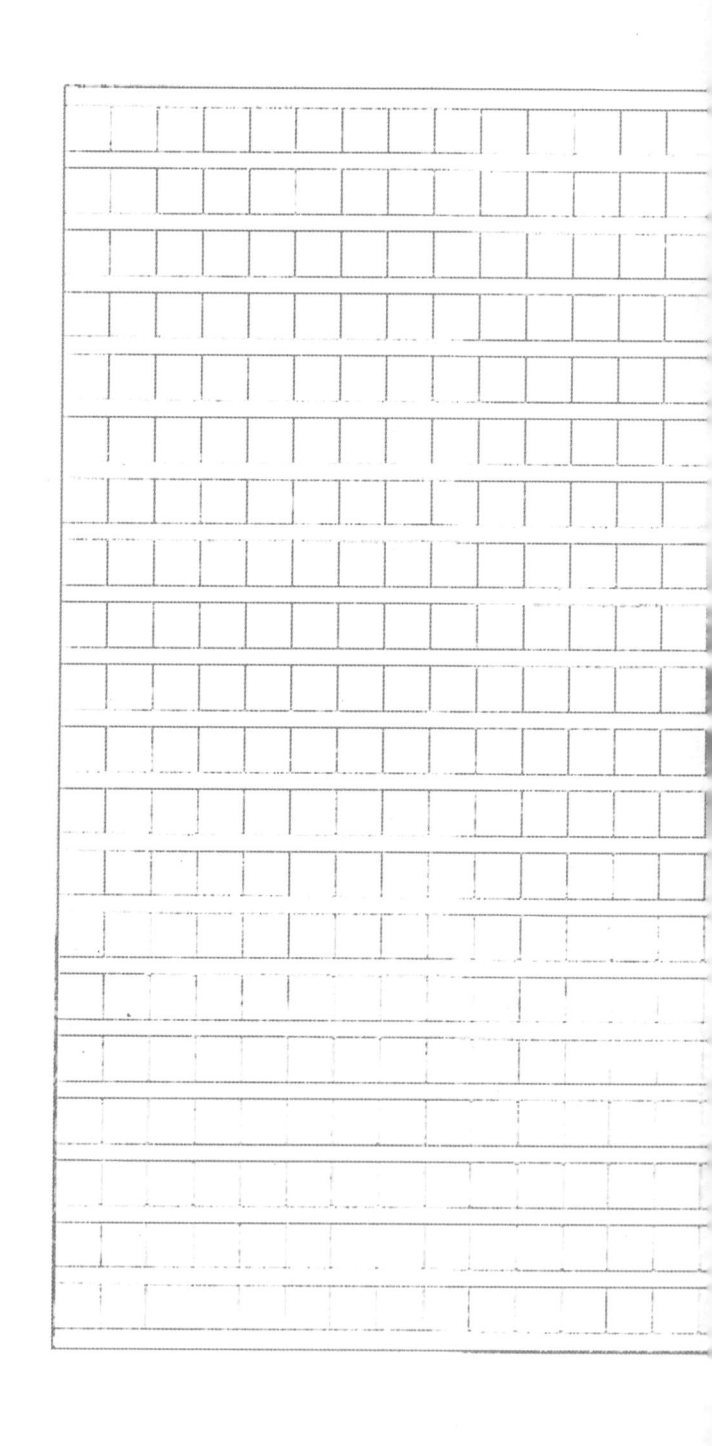

第二部分 婚姻生活

第 6 章
发展心理学的"活标本"

胡子在新疆旅行 3 个多月后最终来到乌鲁木齐
拍摄于 1986 年

家徒四壁中的"宝贝"

胡子没再发烧后,我们决定到离苏堡40多里路的平峰去看望朋友,没有交通工具,我们俩就只好步行,我从小到大没走过这么远的路,但有爱我的先生在身旁,我连想也没想就跟着他上路了。

路上风景变幻莫测,不时有像油画一样的毛头大柳树傻乎乎地立在远处的山头上,可爱得要命。路上不时还会看到一两个骑车的人,胡子就远远朝着人家"哟——哟——"地尖叫。这是山里喊人的方式,这样远处的人才能听到,若喊名字,字音太多,声音就变小了。

远处的人听到喊声,很快站住朝这边张望,等我们走近一看,发现彼此不认识,非常尴尬,人家还在那里等了半天。可到了跟前,胡子也不作解释,陌生人也不生气,大家都跨上自行车继续赶路了。

我简直不能理解这样的行为,胡子说这里就是这样。现在想想,在那样的大山沟里见到一个人不容易,远远地看到一个人影,谁能看清对方是谁，认错人是常有的事，喊错了，到跟前一看不认识，人们也朴实，不假装不做作，各走各路，被喊错的人也不会生气怪罪。

因为我知道我们不可能认识远处的陌生人，对方也不太可能是我们的同村人，或同路人。胡子也知道，但他故意就那样演给我看，因为他了解这里的人，知道他们不会怪罪，但我并不知道，所以当时我虽然觉得很好玩，但心里还是非常过意不去的。

在这样的地方长大的胡子，后来到了有许多繁文缛节的城市，又怎么能那么圆滑、那么成熟、那么到位地在人群中与人相处呢？用这个理由去解释胡子的行为似乎还能说得过去。

但我们的同学李友忠的家也在那里，而且比胡子家要偏僻落后，胡子的家算是在镇子上，而李友忠的家纯粹在一个小山沟里，为什么李友忠就完全没有胡子的问题？

不了解胡子的人，也许会怀疑他有自闭倾向，但作为他的妻子，我知道这并不是自闭，对于胡子我也有着更全面的认知。一方面，胡子动作笨拙不协调，计算不好距离和空间，在生活惯常的事情方面不能进行惯常推理，不能够注意到别人随时出现的情绪反应和需求，不能感知到他人微妙的心理变化，也无法将这一切与自己相连接并作出行为决定，对平常生活事件很容易产生误解和扭曲。另一方面，胡子又才华横溢，智商很高，在艺术方面的感受和理解力也很强。

探寻家庭的根源

在了解了很多儿童发展心理学规律和知识后,我发现胡子的行为可能不只是由他生活的这片土地造成的。说起社会性能力的发展,现如今我与对门住邻居十几年了,彼此都很少看见,更别说来往了。那个时候苏堡的村民就像是一家人一样,他们的关系比城里人要紧密得多,差不多家家户户都是敞着门的。只要来往频繁、有密切的人群接触,就不会出现胡子这样的状况,关于适应不良和发展缺陷,究其原因,可能是由于胡子家的特殊情况造成的。

胡子的爸爸妈妈结婚以后,先生下了两个女孩。那时在大西北山区,似乎只有生出男孩才是光荣的,人们指望着由男孩传宗接代为家族续香火,女儿一旦嫁人就成了别人家的人,无法依靠也不能帮助娘家,她们完全要为婆家去付出,成为婆家的依靠。

而儿子才是留在自家的人，所以如果生的全是女儿，不但自己很恐慌，也害怕邻居嘲笑，这是一个非常大的耻辱，想想婆婆头两个孩子都是女孩，心里肯定也是很恐慌的。

　　第三个孩子是一个大胖小子，那是胡子的哥哥，但是这个孩子在1岁多时，有一天有点儿流鼻涕，家里的保姆就用湿手指头，蘸了一下桌上的不明药面，抹到孩子的嘴里，结果孩子就夭折了。这肯定给我的公公和婆婆造成了巨大的打击，好不容易得到一个男孩却突然夭折，又是如此的意外事故。

　　这个男孩夭折后，胡子出生了，可以想象胡子当时被宝贝成什么样子，稍有一点儿不适，全家人肯定都草木皆兵，捧到手里怕摔了，含在嘴里怕化了。三个女人加一个男人对胡子的照料过于无微不至，天稍微有一点儿热，赶紧减衣服；稍微有一点儿凉，就赶紧加衣服。

　　最后的结果是，胡子现在极不抗冷，也不抗热，他每次出门散步都要背一个大包，他先一层一层套上好多衣服，如果是上坡，没走几步就要停下来，脱下衣服放在背后的大包里，大家会频繁地停下来等他。回来时下坡，胡子又要走一段就穿一件衣服，再把衣服一件件套回去，如果我们不耐烦，胡子就会生气或伤心。

　　胡子就这样被过度呵护着，他的每一个行为和需求都牵动着全家人的神经，这一点胡子自己肯定能够感觉到，并由此形成他对世界的一种认知。

这也是胡子"感冒气"的由来，在我们结婚后，胡子动不动就非常严肃地给我讲他有"感冒气"。这个"感冒气"会在很多天中慢慢地加重，终于有一天"感冒气"呈现出来，胡子就卧床不起了。

胡子要在大棉帽里套着一顶小棉帽，在大棉衣里裹着一件小棉袄，再盖上大棉被躺在床上。然后指挥着我团团转，一会儿要喝水，一会儿要听收音机，一会儿要看报纸，一会儿要把收音机调到某某频道之间，包括上厕所都不能出被窝，据说稍微有一点儿凉风，感冒都会加重。

一开始，看到胡子对小小感冒的反应是如此之大，我非常生气，觉得他太娇气了，这样的男人怎么能一起过日子？尤其是在孩子小的时候，我一手抱着孩子，一手还要伺候他，我坐月子，他比我还像坐月子，这让我非常生气。

后来在做幼儿教育的过程中，我逐渐理解了行为问题是由成长环境造成的，才懂得胡子为什么会如此，才理解胡子不是故意的，他自己也不想这样，他只是被培养成这个样子，他也是个受害者，最后造成他以这样的方式看待自己和世界，看待世界与自己的关系。

在胡子的世界里，只要稍微有一点儿病，就像天塌了一样，这是胡子的真实体验，对胡子来说，除了这个体验以外，其他体验他是无法认知到的，因为人们实际上只能认知自己所理解的世界，世界本来是什么样，并没有人知道，以有限的科学所探知的世界，也并非世界的全部本质。

  胡子的世界跟我的世界完全不同，在他的世界中，有病真的很可怕；天气要么太冷要么太热；手里拿着东西走路时一定会碰到旁边的物品。生活的问题太难解决了，而胡子却一直在证明自己的勇敢和自由，于是他去画画，去演奏乐器，去写小说，一直向往离开亲人到最遥远的地方，我想那是他要追求的自由，他想找到离开家人的照顾就焦虑的解决办法，所以要先离开家人。他不知道是什么使自己如此受伤，他甚至都不知道自己一直在受伤，但痛楚的感觉一直都在，并且在不断增大。

"挂脱驴子"的空间感知

胡子动起来总会碰到身边的东西，胡子的妈妈说他是"挂脱的驴子"，形容驴子发疯乱撞到很多东西，身上还挂着撞到的东西一路奔跑，这使胡子特别紧张和不好意思。就像我之前看到的胡子扛着椅子去上大课，一路碰了所有的桌子，大家会为此笑很久。

列举一个生活中的情形，如果一个人要躺下，我们坐在床上不用看，也不用量，就可以知道臀部到枕头的距离，躺下去刚好让头枕到枕头上，既不会因为距离太近，躺下去头碰到床头，也不会由于距离太远，够不到枕头，要挪动身体头才能枕到枕头上。如果每天睡前的这一简单行为总是出现偏差，我们心里就会很烦，感到不方便和不舒服，因为无法衡量距离这件事破坏我们躺下去感到舒服的预期。

而胡子就不能完成这种计算，他躺下去真的会碰到脑袋或者够不到枕头，于是被弄得不胜其烦，胡子的世界由此变得十分艰难，由此产生的痛苦比别人多很多，好在另一方面胡子从小又得到了很多爱护。

再如，我们进入一个带斜坡的楼梯底下时，会注意让自己越走越低，避免脑袋碰到越来越低的斜面。大部分人不用尺子和手量，甚至没用眼睛看，就能以我们的洞察力和感知力知道那个距离是多少，一般也不会让自己的头碰到楼梯底部，但胡子不行，他会在刚刚进入时就被撞得两眼冒金星，一屁股坐在地上，他无法计算自己脑袋和楼梯底部的距离，这是儿童在2岁左右应该建构的空间概念。

分析这种情形的成因，可能的一个原因是胡子从小被家人过度保护，他可能一直被抱到至少2岁，所以胡子对空间、事物因果关系和事物永久客体的认知都缺乏建构，这些认知都是人们在不用刻意思考时，通过身体与环境深入互动建构起来的，可以说是灵魂深处对世界的了解。人在长大后，通过这些体验所获得的了解支持着他发展出一种能力，不用专门思考也能理解日常生活事务和自然规律。

事物的因果关系

我们小时候只要有机会就会非常专注地拿起身边的物品去玩,这种玩耍,实际上不单是娱乐,而是人类为了发展自己的大脑、使用自己的身体,以及理解自己所生活世界的事物而设计的"学习程序"。

儿童在2岁左右要建构事物因果关系的概念。比如,要懂得:大盖子盖在大号瓶上,中盖子盖在中号瓶上,小盖子盖在小号瓶上。当孩子拿着这些物品玩耍时,这种事物之间因果关系的认知就被建立起来了。

再举个例子,一个孩子左手拿着一个玩具车,右手拿着一个杯子,两只手同时向前推着两个物品前进。因果关系概念发展没有问题的孩子,观察一下就知道两个物体虽在一起移动,但不是前面的物体拉着后边的物体,也不是后边的物体推着前边的物体,而是两只手在分别推着两个物体移动。

但是胡子没有这样的能力,他不能根据看到的情况正确评估车子和杯子的关系。胡子有可能会认为,前面的东西拉着后边的东西,或者后边的东西推着前边的东西在移动,由此他在生活中常常被这样的错误弄得焦头烂额,狼狈不堪,而且出现的错误如此低级,常常被周围人嘲笑,这样的笑话又很容易被人当作故事传播,这让胡子感到很受伤。(我只是用玩具车的例子来说明这一类发展缺陷,并不是胡子真的不能理解这样的问题。)

有一次公公婆婆来到我们家,我给公公婆婆买了皮冻,皮冻就是把肉皮刮干净了,熬出生物胶,然后晾凉,就变成了像果冻一样的食物。它拌起来很好吃,公公婆婆也很喜欢。头一天晚餐公公婆婆吃了皮冻,剩下的放在橱柜里。第二天早晨胡子想把皮冻拿来给公公婆婆吃,但是他又觉得这东西太凉了,人吃了会不舒服,于是他把皮冻盛在锅里,放在火上加热,他站在锅旁不断搅动,自己应该看到这些皮冻一点儿一点儿化成了水,变成了半锅汤。

当我经过胡子身边时,他一脸愤怒,他一边用筷子在锅里捞着,一边恶狠狠地转头看着我说:"这些皮冻到哪儿去了?"他可能以为是我的恶作剧,于是特别生气,神情既愤怒又悲哀,可能觉得这个媳妇对公公婆婆这样不好,连一盘子皮冻都不舍得给他们吃,还偷换成了半锅浑水。

因为胡子用那样具有攻击性的态度对我，我也很愤怒，想报复，所以在告诉他皮冻是化了的时候，当时的表情肯定极具羞辱性，那时候我还不知道胡子为什么会是这样，于是为此极尽嘲笑和挖苦之能事。

人们的嘲笑和捉弄可能不是出于恶意，只是觉得好玩，利用胡子的曲解来开善意的玩笑，但这却给胡子造成了非常大的创伤，使他觉得人们对他不友好，才嘲笑他、捉弄他。

在我们婚姻的早期，胡子在不应该受伤的事情上受了很多伤，而且很多伤是由我造成的，现在想想，那时真的很不应该。

对永久客体的认知

婴幼儿时期,孩子只要醒着就会一刻不停地玩耍,在这个过程中会出现一种情况,有时候物品会一直在孩子身边,有时候它们会被孩子弄得不知丢到哪个角落,但几天后它们又出现了。

第一次遇到这样的情况,可能孩子会很恐慌,以为那个东西消失了,可是等接触多了,孩子就会建立起一种概念,物品只要不销毁,一般都会安全地存在于我们生活的范围内,就像妈妈每天出门上班,到下午下班后又会回来。

一开始面对分离,孩子以为被妈妈抛弃了,会非常痛苦,时间长了就获得一个证明,证明妈妈还在,慢慢孩子就习惯以这样的方式跟妈妈相处,于是也就不再担心和哭闹,他们知道妈妈是永久存在的。当然,这个"永久"还是暂时的,因为在很久很久之后,所有的一切可能都会消失,但是对于一个孩子的生命来说,

"明天还在"就是永久。

婴儿在9个月大时，会慢慢了解这些事物，知道它们还在，于是当自己玩的东西不见了，孩子会去寻找，随着年龄增长，如果喜欢的东西不见了，他知道肯定还在某个地方，越努力寻找就越有可能找到，这叫关于事物的永久客体概念。

孩子一般在1岁到2岁半，就基本建构起了关于事物的永久性概念。说它是客体，是针对孩子而言。如果没有永久客体概念，我们就可能没有安全感，非常恐慌，因为我们不知道身边的人和事物，以及我们所拥有的宝贝什么时候在，什么时候突然就不见了，是由于什么原因不见的。如果我们一直沉溺在担心中，就没有心力去做其他有利于我们生存的事情，或者有利于他人的事情，就不能很好地发展将来生存的能力和智慧。

胡子这方面的概念似乎没有很好地建立，因为他的东西如果找不到了，他第一个想法可能是被偷走了。举个例子，因为耳机比较容易丢，他买了好几副，用着一副，把另一副放在书架的隔板上。有一天他要去找备用耳机，抬头扫视一遍隔板，三层隔板上密密麻麻放着许多物品，那么小的东西不容易被一眼看到，他没有认真仔细地寻找，立刻就认为自己的耳机丢了，于是大叫说谁偷了他的耳机。

我很好奇，难道他不能对情形作一下分析吗？家里没人偷他的耳机，如果家人拿他的耳机去用，也不能叫偷。如果是外人进来偷盗，不会只偷耳机，肯定会把家里值钱的物品都拿走，家里也一定会被翻得乱七八糟。

从这件事中，就显示出胡子因果概念建构的缺失，他无法进行这样的推论，即家里值钱的东西没有被偷，他的耳机也不会被偷。

另外，胡子也无法进行"耳机没有被拿出去，肯定就在家里，要做的就是好好找一找"这样的推理。因此，一旦他发现东西不见了，就会非常着急，心情无法平静，于是就更加不能耐心寻找。

如果我们为胡子出现的状态感到生气，比方说在他大喊"我的耳机肯定被偷走"时，我们马上指着鼻子臭骂他一顿，那么揭露他的"愚蠢"时，一定会带着严重的鄙视情绪，像胡子这一类的人就会受到严重的伤害，他会觉得这个世界为什么对他这么不友好，他的亲人为什么这么恨他，这个时候找耳机已退为次要事件，被我们的不屑和不满伤害则成为他关注的主题。他可以再买一副耳机，但是周围人对他的不满和愤怒却成了他心中与耳机关联的唯一东西，这个东西积累多了，他心里的伤口就会越来越大。

永久客体、空间概念、因果关系建构的缺失是他们主观上无法发现也无法通过自己的努力去弥补的，这些建构缺失造成的困境，使他们在这个世界的生活中不断碰壁，不断遭遇人们类似观念、看法和情绪的攻击，他们不知如何承受，最后肯定会倒下，会得病，实际情况也确实如此，在后面我会讲到这一段经历。

胡子就被这样绿豆芝麻的小事严重困扰着，而他在其他大事中取得的辉煌成就，也不能使他逃脱这些小事所造成的困窘。如果别人再为此发出笑声，胡子就会把自己内心的羞愧和别人的笑连接在一起，把别人的笑定义为对自己的不友好。

　　我们知道胡子的问题实际上是童年养育出现的问题，是由于家人的过度宠爱，给他带来了发展的缺失，而这个问题他用一生去弥补都不见得能够弥补起来。如果不巧我们正好是他的家人，那么我们必须能够理解他，并且练习包容他们的"短板"，去看他的优点和长处，同时帮助他弥补缺陷，如果弥补不了，我们可以替代他去解决这些生活问题，好在不是太麻烦，不是太费我们的时间，或者至少，我们不要对他的缺陷如此不能容忍，如此生气。

　　胡子作为一个成年人，他这些更像是儿童的"可笑"的行为，并不是故意为之，而是发展缺陷造成他在基本生活层面不能如常人一样解决日常问题而闹出的笑话，如果不带有指责和批评地看待这些行为，莫名就有了些喜感，就像孩子们爱看的动画片一样，非常"卡通"，非常有漫画效果。

第 7 章
与有趣灵魂的婚姻

胡子与雕塑女人
严隐鸿拍摄于 1991 年中央美术学院

傻傻的毛头柳树

那次在胡子老家的山路上,胡子乱喊远处的人,我觉得既好玩又害怕,总担心会被骂。可胡子却说:"他会以为我们喊别人。"但这山里目力所及就只有三个黑点在移动,除了那个人,就是我们俩。

弯弯山路不时从树丛中穿过,道路两旁都是那种有着老旧树干和垂直新条的毛头柳树,从这样的林子穿过,我都不知道另一端会到达哪里,只感觉像是在童话世界里穿行一样。到现在我还常梦到自己在两边都是树木的小路上行走,而胡子就像当时那样微笑着,一脸幸福的样子,目光紧紧地追着我,看着我在林子中来回穿行。

林子的地面非常干净、光洁,就像农家院落一般,那些落下的树叶也不知去了哪里。现在想想,也许被附近的人扫回去,做饭烧炕用了。我感觉林边有人家，但眼睛搜索之下，却找不到踪迹。

我们先到达平峰中学，学校所在的镇子就像为防御敌人而修建的一座城堡，坐落在一个山头上。山顶被削去一块，远远看上去，就像是在山上套了一顶乱糟糟的帽子。

平峰中学是方圆几十里有名的中学，胡子家族中有10多个已参加工作的人都是从这里考出去的，在这里教书的几位老师也是胡子的儿时好友。看过一路的美景，我反倒不喜欢这所修建在山头的学校，以及校园里用砖铺的地面，这里的人都睡床，也不好玩。

晚上胡子的朋友搞来酒欢迎他，他们兴趣盎然地聊起小时候的事情，到底是念书的人，他们虽然也说土话，但我还是能听懂的，谈话的内容主要是忆苦思甜，说谁谁多大见汽车，谁谁哪一年才见大米。记得其中有个叫张诚的，是胡子最好的朋友，胡子来这里主要就是找他。

张诚说自己那时有多傻，9岁时他家里穷得不行，饿得实在受不了。有一天他爷爷说："哎呀，不想活了，我干脆上吊吧！"张诚对爷爷说："爷爷，你去吧！"爷爷说："没有绳子呀！"张诚赶快跑去找了条小绳子，拿来双手递给爷爷，说："爷爷，你看这个行啊不？"他的爷爷看了看说："噫，唔，太细了哟！"

张诚说完就笑呀笑，说自己都9岁了，还不知道上吊是个啥。说起现在，他们就讲有什么好吃的，他们很郑重地说"莜麦面、四憋糊（注：莜面糊糊的别名）、憋跳崖（注：意为吃到很撑）",我傻看着胡子，别人看我不懂，就赶快向我解释，说这里有一种饭，叫缠头饭，用筷子挑起来必须得在头上绕一圈才能吃。我问为什么，他们说太黏了，我说"这饭也太麻烦了，光名字就六个字，吃时还要绕头一周"。

他们故作神秘地朝胡子挤着眼，我看到了，胡子这时赶快附和说："就是就是。"我知道他们在骗我，但有那么好吃的饭，都吃得撑（憋）得要跳崖了，这挺让我好奇的。这饭真有那么香吗？后来终于等到饭做好了，我却失望极了，因为在我看来简直难以下咽。

酒过三巡，人们已有些醉了，一个人一边在外面撒尿一边说："喝上茶不尿尿，喝上尿尿茶淌哩（注：当地俗语，意为喝了茶不尿尿，否则茶水就会流失，此处指喝啤酒）！"我总觉得在他们的话语中有一种来自心灵深处的力量。

拜访陈滩

张诚在平峰中学当老师，学校已放寒假，但不知为什么他没有回家，第二天我们三人决定一起回他家陈滩。几十里的路，我们仍是步行，一路上胡子和朋友就像两只鸽子一样，不停"咕咕"地说着话，而我则眯着眼睛完全沉浸在路旁的景色中。

这里人不多，但在许多山坳中能看到村子，我想不通这些村民的祖先怎么会在这样一个无尽山峦中住下来。正是山里有许多这样的村子，才让人对山不再有慌的感觉。

我们最后到达一个山洼，我感觉那是从中国山水画中搬出来的村子。那里住着几十户人家，有一眼泉水，看不到泉眼，只是一个铁锅大小的土坑，从泥浆里慢慢往外渗水。为了这点儿水，人们居住在无尽山峦中的一条沟里，形成了一个村子，没有人怀疑这个村子的存在是否合理。

陈滩村的布局有些像"清明上河图",村中间有一条大沟,沟的两岸住着人家,沟上架着一座土桥,土山住人的一边被开垦过,近处的农田,都被很好地经营着,田边还有茂盛的树木。

人们在沟旁建起窑洞和农舍,顺着地势又围起院墙,这些青瓦土房、山沟、小田,再添上几棵树,已美到不行。树里的炊烟滚在地面,上面清清朗朗,下面白雾弥漫,几棵树梢露在白雾之上,看到有一位村妇正挑水从土桥上走过,这是我见过最安居乐业的景象。

村里人把我叫作"长头发男人",不知为什么,那时正值年根儿,村里为演社戏搭了一面敞开着的戏台。我经过戏台向村里走去,正巧碰上一个化了装的包公,他戴着黑须,穿着戏袍,肩上挑着一担水慢条斯理地走过,腰里戴着表示大官的圆环,很碍事地荡着。我一时反应不过来这是演员在台上演戏,还是一位农夫在给自家挑水。"包公"见了我,直盯着我的脸,眼睛白鼓鼓地翻着,可能忘了自己穿着戏袍,走过去时还回头看我,我也正好回头看他,就像是在梦中。

下午开戏,我去看戏,不知一个什么样的人物在台上正唱得起劲儿,我站在台下,台上唱戏的人看我,手机械地做着一个重复动作,台上的皇上和娘娘也歪过头来从人群的空隙中看我。我听不懂戏,打算离开,忽然感觉气氛不对劲儿,四下环顾,才发现身边已围了一群孩子在张着嘴、直瞪着眼睛打量我。我心想,我有什么好看的，不就穿了一个当时刚流行的羽绒服吗，他们竟不看戏来看我。

我灵机一动，就跑回张诚家，跟张诚的妻子借了一身行头，用她的花棉袄，她的头巾，打扮成村里人的样子，等我化完装出来，身后就再也没有"追新"族了。

张诚的妻子是一个快乐而智慧的女人，浑身充满了幸福的细胞，两个孩子，那是真正自然养育下的"产品"：快乐、恭顺、幽默、机智。住在这样与世隔绝的地方，这一家人呈现出的文明状态令我吃惊不已。

晚上我们坐在炕上聊天，张诚为生第二个孩子时老婆是不是叫了而慢吞吞地跟她辩论着，他微笑着斜眼睨着坐在灯光下的健康、可爱的妻子，说她娇气，生孩还叫疼了。那时我还没生孩子，不知道生孩子该不该叫，但看电视，女人生孩子时的叫声都很大。

在那样幸福祥和的气氛中，我不时哈哈大笑，现在自己有了多年的家庭生活经历，回想起来，才领悟到，他们两口子那是在当着我们的面秀恩爱呢。

我和胡子当时都觉得人家很相爱，刚结婚不久的我们认为世上所有的夫妻都是这样相互爱得要死。那夜温暖的橘黄色灯光，还有围着小炕桌坐着的一群人，以及他们所营造的那种独特氛围，在我心里总是以一种幸福和美好的标签存在着。

第一次闹离婚

从胡子老家回来后不久,我就和胡子闹气,没想到胡子竟然跳起来就说要离婚。那是一个下午,我在文化馆的个人画室里印一幅黑白木刻,印得特别仔细,一直印到很晚。那时没有电话,而自己从书上读到"祖师大德干起事来都是不管不顾的",一直忙到天都快亮了,疲惫不堪的我最后躺在放石膏像的架子上睡着了。

胡子到处找我,趴在办公室的窗上看里面没人,又到了我妈家、朋友家,都没有,胡子开始发挥文学家的想象力,想象我可能被十天八天在街上才见到的一辆汽车给撞了,现在正在医院里抢救,于是马上给医院打电话,问有没有一个被抢救的受伤的女人,医院说没有。

胡子又想我可能已经死了,尸体已被送到公安局,就在他要出门去公安局时，我回来了。胡子一见我便大发雷霆，看上去他恨不得把我掐死，我太吃惊了，一个如此爱我的人，眼睛里怎么能有如此凶狠的目光。我生气极了，而且结婚前就说好了，结婚后我依然做我的事业，他不可以干涉我，这才刚一开始他就干涉到了这种地步。我俩大吵一架，我气得跑回办公室，继续回到美术用品库房，躺在石膏像架子最底下一层，在那里给自己铺了一个秘密床铺，头一夜没睡，实在太困了，我打算睡一觉起来后再说。

可不一会儿胡子就追来了，一进门就说要离婚，我说行，但得等到明天早晨。他听了似乎也同意，因为天还没亮，找谁去离婚呢？看他就打算坐在办公室的椅子上等到天亮，后来我让出一半床，让他睡下，他沉着脸过来在旁边躺下了。

一觉醒来，我已经做好了离婚的准备，对胡子说洗洗脸我们去民政局办手续，他说："今天是星期天，你忘了？"看上去他完全不生气了，可能已经不想离婚了。我说："噢，那就等明天吧。"我忘了他是怎么下的台，总之从此一生气就闹离婚成了我们生活的毛病，要不然就是胡子离家出走。

每次胡子都写一个因感情不和而离婚的协议，让我签了字，然后把协议装在自己的衣兜里，说 1 年后生效。到 1 年的时候我再去问他，他就会说弄丢了，后来到老了问他年轻时为啥老要离婚，他说，他很怕我提离婚，于是他先提，我就不会提了，但是我想了半天也想不通其中的逻辑。

我能想通的一点是，胡子小时候家人太珍爱他了，如果谁惹了他，他就会用伤害自己的方式来迫使对方放弃坚持，而还是孩子的胡子会由此获得利益。就像有些小孩，大人如果不顺从他，他们就躺在地上打滚，就不吃饭，不睡觉，还要故意把脚放在凉的地方让自己感冒，以此威胁大人。

记得有一次一个家长找到我，说他的孩子常常拿头撞墙，我问："比如，在哪些情况下？"家长说："他要东西，不给他，或者让孩子做事情，他不做，如餐桌上用手抓菜，父母阻止，并要求他用勺子吃饭，孩子就大哭大闹然后用头撞墙，总之一惹孩子，他就用头撞墙。"

我问这位家长，当孩子撞墙的时候你怎么办？她说她会用手护着，或者去抱着孩子的头劝他不要撞，我问："你为什么这么做？"她说："怕孩子把脑子撞坏了。"我问："你这样做起作用吗？下次你的孩子被惹了，他就不会撞墙了吗？"她说："好像撞得更厉害了，而且越来越熟练。"家长问我该怎么办，我告诉她下次孩子再撞墙时，你就平静地坐到他面前，告诉他可以撞，等撞完后再一起商量接下来该怎么办，在撞的过程中，陪着他，不要阻止，你可以告诉他："你还可以再撞 4 分钟。"

家长问如果撞坏了怎么办？我说你要相信他是人，尤其是孩子，大自然会赋予他生命的保护机制，他们会自然地避免不舒服，如果孩子撞墙的时候很痛，他就会停下来，让疼痛停止或减轻，孩子不会撞坏自己的脑子的。这个家长回去试了，果然非常管用，孩子也不再撞墙了。

我告诉家长，凡是孩子用伤害自己来要挟你的，都不能害怕或认输，一定要让孩子认识到，用伤害自己的行动来要挟大人是不管用的，但不是用语言来告诉他，而是用你的回应来告诉他。

想必胡子小时候家里人太珍爱他，太害怕他不高兴和他的哭声，他的生气肯定会让一家人惊慌，于是童年的胡子会夸大自己生气的状态，使脸上的表情和身体的语言处于更加严重的样子，如果要让状态升级，自己就开始不吃饭，或者拒绝对自己有好处的事情，使得家人反过来哀求他。

他吵着离婚有可能是出于这样习性，是无意识的，童年养成的习性会留在人格中成为一个部分，所以从小养成的坏毛病对孩子来说是危害极大的。我们成为什么样的人，是我们自己不能控制的，只有当一个人有了自我约束力之后，走上自我提升之路，才能靠自我的力量来修改人格中不好的部分，到那时才能控制从小养成的不良习惯。

胡子太珍惜我们的婚姻，太珍惜我这个老婆，所以每当我们生气时，胡子就要离婚，这是因为他认为婚姻太重要了，这是胡子爱我的一种表现。但当时我却不知道，还以为他真的想离婚，所以在他每一次闹离婚的过程中，我都在心里演练离开胡子的生活。在我们整个几十年的婚姻生活中，我都在提防这一时刻的到来。

　　我练习让自己不要一心一意地爱他，让自己变麻木，不让自己彻底信任胡子，练习一个人撑起家庭，练习没有胡子的家庭生活，以免胡子的离开给我带来太多痛苦，就像那些离婚的女人一样，一辈子都处在痛苦中，我可不想这样。

　　一直到我们年老，胡子不会再提离婚了，我跟胡子一起谈通了这件事情，我才慢慢地重新开始练习去爱胡子，信任胡子，并且信任我们的婚姻，胡子由此快速地变成了一个可爱的好老头。

离家出走在书摊

大部分家庭中闹矛盾离家出走的是女人,我家却不同,每次闹气颠山(注:西吉方言,意为离家出走)的不是女人,而是男人。那时我刚结婚不懂,胡子一颠山,我就急得到处去找,找到了就又哄又拉地把他弄回来。

后来孩子都2岁了,胡子在一个离家2小时路程的师范学校教书,一周回来一次,每次他进家门时我都要准备一顿好饭。有一次我刚把饭做好,吵了几句,他又颠山了,临走还背了一个鼓鼓的大包,好像永远不回来了。

这次我本不想找他了,但一个人对着一桌菜,觉得挺难受,还是放下筷子去找吧。结果到街上一看,在一个书摊前蹲着的一溜读书人的背影中,有一个人背着一个大包。我走过去在他屁股上踢了一脚,说:"人家都是女人颠山,哪有男人老颠山的?"胡子站起来不好意思地笑了,乖乖地跟着我回了家。

在以往很多年里,只要一生气,胡子第一个动作就是拿出心爱的大包,往里塞东西,以表示他很生气。不知道他每次都往大包里装什么,反正每次都能装满鼓鼓一大包。胡子每周去学校或从学校回来,也是这样,背着一个硕大的包,看上去很酷、很沉重的样子。常有熟人来好奇地问我,说胡子是不是刚下飞机或火车,我都不好意思说他包里其实装的是枕头。

说起这事,我的两个妹妹就笑得要命,他们说胡子还是挺注意自己生活质量的,连枕头都带上了。大妹对她的先生说:"看人家胡子哥,离家出走准备得多充分。"大妹讲自己的先生任军也有一次离家出走的经历,临走前说要闯世界,跟我妹要了50元钱,还写了一封信。等人走后,我妹把信打开一看,上面全是"我爱你"三个字,写了整整一页。大妹夫的做法就比胡子聪明得多,出走前先表明态度,这样可以避免大妹的误解。

大妹夫刚走几小时,刚结婚不久的大妹就吓得以为出事了,叫来了大妹夫的大哥、嫂子等一群人去找,结果看到自己丈夫骑着自行车在中心灯塔下瞎转悠。大家没有惊动大妹夫,悄悄回到大哥家里去聊天,等大妹到家后发现电话的留言指示灯亮着,按下键后传出大妹夫的声音,说:"回来后,请给2015356打电话。"

大妹夫声音沉重,大妹一听又吓坏了,以为他们刚离开,大妹夫就出事了,第一反应是这可能是医院的号码。大妹赶快拨了过去，电话那头传来大妹夫的声音，大妹急忙问人在哪儿，大妹夫回答说在隔壁邻居家，大妹"唏"的一声挂了电话，大妹夫自己讪讪地回来了，还被大妹训了话。

妹妹们的丈夫

后来小妹也有了丈夫,有一年春节刚过,大妹夫和小妹夫一商量,认为好男儿志在四方,一起要去闯世界,两人商定的方案是先到珠海搞事业。那时胡子已在全国闯荡了一圈,对于这两个热血毛头小子的傻决定完全是不屑的态度。两个妹夫很生气胡子看不上他们,决定一起喝酒商量计划,但认为家里氛围不好,就要到外面饭馆去,认为这样比较有仪式感,于是他俩就出门了。

没过几小时,大妹夫就用自行车驮着小妹夫回来了,小妹夫的脑袋上贴着雪白的纱布,纱布外还套着白色网兜。小妹吓得一下扑了上去,大妹开始像训孩子一样审问大妹夫。原来两人在饭馆里喝多了,和别人发生口角,打了起来,被人用酒瓶砸了头。这一对闯世界的年轻人,过了年后都乖乖去上班了,而胡子依然像只老鸟一样,一声不吭地,去闯荡自己的世界。

胡子虽然像个孩子一样不成熟，但跟两个妹夫相比可算老辣多了，我看胡子这样到处乱跑不着家也是有好处的，至少给自己带来了成长。

不知为什么，我们的男人都是那么不成熟，像孩子一样单纯干净，透着可爱；但是另一面，他们的不成熟也给妻子和家庭带来了压力和困难。丈夫成为孩子时，妻子就要成为母亲，一个家庭中就只剩下一个成年人，对于女人来说，这是一件很艰难的事情。

面对如此情形，女人唯一的办法就是如同对待孩子一般，用赞赏的眼光去"逼迫"自己的丈夫成长。但是年轻时的我不知道这一点，自己感觉很伤心、很生气、很哀怨，但这对于把自己拉出苦海毫无作用，只能使苦海中的味道更苦。

第 8 章
婚后的旅行

胡子和李跃儿
张亚莉拍摄于 1991 年

胡子的穷游之旅

1984年我从西安美院进修回来，发现胡子还是像个小男孩，我想象中的老公应该是一个具有成熟男子气概的人，觉得一个成熟男人手里应该拿着烟，于是我就劝他吸烟，胡子乖乖地很快学会了吸烟。烟虽然会吸了，但人还没有达到我理想的成熟，我想可能是因为见识少了吧，胡子一直有万丈雄心，他已读了万卷书，我就劝他现在应该去行万里路了，于是胡子就以进修的名义正式开始行万里路。

那时我们工资每月仍只有八十几元，在出第一趟门前，胡子准备了一把剪刀和一些文化馆里用来装饰橱窗的彩色绒面纸。他背着一个画夹，身上只带了十多块钱就打算去游峨眉山。

胡子刚到兰州，就发现身上的钱所剩无几，于是他准备在旅舍里为别人画速写像，想靠此赚钱来支撑旅行。但陌生客人都不愿意让他画，胡子就跑去车站，给乘客剪侧面头像，有一位好心人还在一旁帮着吆喝："剪像，剪像，剪一幅五毛。"胡子身后很快就排起了长队，胡子说只感觉不断有人往自己大衣兜里塞钱，一会儿工夫低头一看，衣兜已是鼓鼓的，而且身后排了好多人。预计够一天的花销和到下一站的路费，胡子便不剪了，回到旅馆把钱掏了出来，清点并整理好。胡子就这样一路经九寨沟，到达了峨眉山。

回来时胡子不想去挣钱，就一路说服列车长让他搭车，那些好心的列车长就像交接一件行李一样，一趟车接一趟车地把他托付给下一位列车长，一直把胡子送到了兰州到宁夏的列车上。但这趟车进入宁夏省内时，这个办法竟然行不通了，到离银川还有两站时，列车乘务员非要赶胡子下车。胡子怎么说也不行，最后胡子只好在车上朝乘客大喊："谁让我给他画一幅像，给我买一张到银川的票？"这张票当时好像是两块三毛钱，结果还真有一个人让他画了，这样胡子的第一趟闯荡就光荣完成了，真的多谢那些路上遇到的好心人。

胡子回来给我讲这趟穷游的见闻，我真正被感动到了，也非常佩服胡子具有这样的勇气和能力去完成这样的旅行。

回来休息了2个月，胡子又要去新疆，走时身上仍然只带了80元钱，手里拿了一封自治区文联开的到新疆收集创作素材的介绍信，那时胡子的小说已被宁夏文学界关注，而那时我还没觉察到自己培养理想老公的策略会让自己"赔了夫人又折兵"，因为胡子从此基本上不归家，而我不仅要供给胡子，还要赚钱养家。

戛勒肯与异域风情

"戛勒肯"是卡孜姆大哥给胡子起的哈萨克名字，意思为浪子，我很吃惊胡子什么时候成了浪子。

胡子临去新疆时买了一台采访机，经祁连山到达南疆，这一路是靠到县和市政府去"化缘"继续行程的。他在路上经过一个石棉矿，获得了一笔资助，那段经历让他久久难忘。

那是一个私人矿，矿上工人生活极苦，听说有从内地来的记者后，大家都悄悄将胡子请到家里吃饭，一边诉说自己的苦难，一边检举那些欺负他们的人。后来厂方知道了，一边安排下胡子的吃住，一边调查胡子的来历，感谢我们当地的公安局很快给出肯定的回复，最终胡子不得不离开那里。胡子一直为没能帮助那些工人而感到难过，我常安慰他，那些人能向他诉说也是一种解脱，至少他们的故事有了一个倾听者。

胡子在没钱的情况下，就这样走了3个多月，转遍了整个南疆，在那里胡子结识了一些优秀的文学创作者，也结识了让他记住一辈子的新疆人。等到学校放了暑假，我便决定到乌鲁木齐去与胡子会师。

下火车见到胡子时，我差点儿没认出他来，他衣服破旧不堪，裤子上烂了五个拳头大的洞，牙齿也因长久没刷，变得黄黄的。我把胡子带到市场上买了新的裤子和衣服，逼着他一遍又一遍地刷牙，带他理了发，这才看出一点儿老公的样子。我们在乌鲁木齐还找到了胡子的一个大爹，我搞不明白，胡子怎么会有那么多的大爹，好像有四个，所有大爹的长相还都有徐家人的特征。

我们在大爹家休整了几天，一边忙着到阿勒泰驻乌鲁木齐办事处找顺路车，一边约见当地的一些作家。这些天胡子不停地给我讲他独自在南疆游历3个月的经历，胡子的社交能力和解决问题的能力，以及生存能力完全都没有问题。

一天，胡子将自己的大旅行包放在身边，正蹲在街边抽烟，这时走过来一个中年男人。这个人走到胡子面前，弯下腰一句话不说就打开他的旅行包，就像打开自己的包一样。人在异乡，胡子不敢作声，这个人把包里的东西一件一件拿出来，提在手里歪着头看，看完又扔在地上，将包里所有的物品都翻看过一遍后，他便背着手离开了。胡子觉得又好气，又好笑，但还是忍着没发脾气，把东西收拾好重新装进包里，又继续在那里抽烟。

还有一次是在伊宁,那座城市修建得很好,又干净,又美丽,胡子去公共厕所时,看到一个男人蹲在厕所外解手,他很诧异,便问他为什么不到厕所里。那人回答说:"啊呀,厕所里面臭得很嘛。"

这些故事让我感觉很新鲜,从对方角度来看,或者从社会秩序角度分析,这是一种冒犯,是对行为规范的破坏,但从自然本性的角度来说,这样的做法让人有种更真实的感觉,探究原因的话,也许可以追溯到人的动物本性。实在想知道一个旅行者的包里有什么,就打开包把物品一件件拿出来看看,不认识人,可以不理人只看包嘛。公共厕所里的确很臭,乡下来的人实在受不了,所以就在外面解决。我们强调约束行为,管教孩子,但认知和体谅这种本性,才是建立沟通和施加影响的前提。

类似的事情我也亲身经历过一次。有一天我和胡子刚买好一份炒面,还没动筷子。这时对面坐下一位喝了酒的小伙子,他拿起筷子把我们的炒面拽过去就要吃。胡子这时有老婆要保护,自然不会忍气吞声,于是立刻做出武打片中李小龙的动作,两臂交叉抱在胸前,对那人说道:"干什么?"那人带着浓重的口音说:"啊呀,这个饭嘛,你能吃,我就不能吃吗?"我当时差点儿笑喷了出来。

的确,饭嘛,谁都能吃,胡子一把将盘子拉回,将自己的杯子推给我,便低头吃起饭来。那小伙子看了胡子一眼,就趴在桌上假装睡着了。我有些怕喝酒的人，胡子表现出的勇敢着实让我满意，如果不是在这样的环境中，我又如何能了解老公真的够"爷们儿"呢？其实成熟和"爷们儿"吸不吸烟毫无关系。

前往阿勒泰

办事处很长时间没有去阿勒泰的顺路货车,无事可做,胡子就让我拿着本子和傻瓜相机,他自己拿着采访机,我们一起到办事处办公室去采访这里的主任。

胡子坐在对面问主任一些问题,如他是怎样来新疆的,以及有什么为祖国建设边疆作贡献的事迹,采访机上的红灯一闪一闪,让主任的回答显得有些紧张。但他随口讲出的都是为祖国建设而奋不顾身的故事,他们真心为自己做的事情感到自豪,这让我非常感动。

主任最后得知我们要去阿勒泰采访,竟专门组织了两卡车货,让两个司机带上我们,去往那座位于两座大山之间的狭长城市阿勒泰。

在去往阿勒泰的一路上,我都有一种身处梦境的感觉。一路上看到的是一望无际的黑石子戈壁滩，永远一模一样，似乎没有尽头。黑戈壁滩快要结束时，眼前出现了低矮的山丘，一撮一撮的绿草，山丘像流水一样在车窗外滑过，扑面而来的是青草杂着花儿的味道。当窗外的颜色变成稳定的绿色时，我的兴趣减少了不少，这时司机放慢车速，我们便一起大声唱起歌来，歌声从车窗飘出，我想象着它们在原野上飘荡，顿时感觉那些灌木也变得美丽无比。司机都不是本地人，他们的父母现在也都住在阿勒泰。

到阿勒泰的这一路就像将风光目录上世界各地的景色都欣赏了一遍，这里有一望无际的黑戈壁，如美国西部沙漠；有光怪陆离的风蚀鬼城，如广西石林；有从湖里直接长出像伞一样的大树，如亚马孙热带雨林。那些长在湖里的大树让我喜欢得要命，千姿百态的大树加上它们投在水面的倒影，我一大早起来趴在车窗上看到这样的景象，感觉就像进入了梦幻的玻璃冰花世界。

胡子一路上都在跟师傅交谈着，等到阿勒泰时他们已成为朋友。可能由于见惯了这样的景色，胡子在这趟旅程中似乎都在为我考虑，他只在我大喊大叫时才附和着表达一些对风景的赞许。可怜的人，都不知自己为什么来旅行，他似乎只对人们的交谈产生一些兴趣。

当我们经历三天两夜的旅程最终到达阿勒泰时，我才理解那位原籍南方的主任为何会有那样的自豪感，以及这两位司机说自己家在阿勒泰时流露出那种类似"干了一件了不起的事"的神态是怎么来的。人这种动物，仅凭身下这两条肉长的"棒子"，拖儿带女，到任何一个地方都能扎根生叶，也因此当之无愧成为最"繁盛"的物种。

　　从驾驶室里钻出来，这座位于地图"尾巴尖上"西北边陲之城终于展现在我们面前。两边的高山上长满树木，城市景观和其他地方区别不大，但城市建设得要讲究一些。同样的钢筋混凝土建筑，同样的白色粗糙的城市雕塑，同样的电视台塔楼，同样的柏油马路，不同的是，在大街上行走着的是穿着裙子的身材微胖的哈萨克族女人。由这些人所组成的人文风景，让这座城市的味道与别的地方完全不同。

宽厚而文明的哈萨克族人

胡子带着我到一座有草坪的白色欧洲风格的建筑里，拜访了当时的地委书记，这位书记非常有学识，像是一个大学教授，而不像是一个干部。这让我很吃惊，他跟我们谈了他的雄心壮志和经历，还特意为我们安排了一次行程，到底下牧区去参加一个阿肯弹唱会。

陪同我们前去的是纪委的一位同志，他对我们展现的热情同样令我们觉得有些不可思议，我们在心里都感激得要命。他把我们领到家里，他的妻子是从内地来的，他们在这里已生活了快19年。家里的装饰在我看来非常豪华，地上铺着整块的红色木地板，布置得很有品位，感觉像是一个俄罗斯的中产家庭。在晚上的聚会上，大家聊得最多的是他们刚来这里时的生活，还有和哈萨克族人因语言不通而闹出的笑话。

刚来时，他们要经常下去宣传和演节目，团里后来也因此多了一两位哈萨克族成员，大家会相互学习语言，没听说哈萨克族人在教哈语时捣鬼，但是调皮的年轻人在教汉语时却经常捣鬼。

那时哈萨克族人没见过口罩，有一次团里一个哈萨克族中年男人问一个姑娘脸上戴的叫什么，汉族小伙子认真地说，那个东西叫"裤衩子"。老实的哈萨克族人就努力记忆，终于记住。一次大家坐卡车下乡演出，姑娘的口罩歪到一边，这个哈萨克族男人出于关心就说："姑娘，你的裤衩子歪掉了。"姑娘听后气得狠狠地瞪了他一眼，满车人都笑得快要背过气了，大家知道这一定是那个汉族坏小子干的好事。

哈萨克族人教汉语时不会耍鬼，但有些词他们却不知道如何表达，如鸡蛋，这里的人们好像不怎么养鸡。有一天宣传队里一个人的老婆要生孩子，宣传员提着筐去找老乡买鸡蛋。他来到一个毡房前，好客的哈萨克族女人赶紧出来看来人需要什么帮助。

哈萨克族女人性格严谨而传统，一般都是面无表情的。女人就这样站在那里，几个孩子靠在她身边，也直勾勾地看着到来的男人。宣传队员此时发现自己不会用哈语说鸡和鸡蛋这个词，好在自己是文工团的，认为通过表演也可以说明问题。于是他先挥动手臂咯咯地叫了一通，最后用手比出一个鸡蛋大小的圈。看到这里，哈萨克女人对身边的女孩咕噜了几句，然后依然面无表情地看着男人，女孩跑了进去，一会儿拿出一块男人比画般大小的馍。

这个故事笑酸了我的脸,我一面用手拍脸,一面已开始在心里发愁,下乡时住在哈萨克族人家里,要怎么向人家表示友好?我长这么大,除了旅馆,几乎没在别人家里住过。胡子说不要紧,有向导嘛,他已在新疆走了 3 个月,这方面多少有些经验了。

夜幕中开始的阿肯弹唱会

我们费了好大劲儿才到开阿肯弹唱会的地方，那是一个村子，有一些像面包一样方墩墩的土房子，土房外还有毡房。男人们见到市里和远方来的客人都热情地出来迎接，女人们进进出出地忙碌着，她们全都面无表情。

中午大家围成一圈，在圈的一边摆上一些条桌，我们和市区领导坐在桌子后面，乡亲们一群群席地而坐，女人们穿着红红绿绿的长纱裙，她们的裙子上有许多褶皱，戴着的黑色小帽上还插了一撮绒绒的羽毛。一台录音机连着树上的一个大喇叭，在播放着邓丽君缠缠绵绵的歌曲。

阿肯弹唱会迟迟不开始，人们都耐心地坐在地上等待。好不容易有了些动静，两个女人端过来一盘马肉和一个马头，领导们用小刀割下一些肉吃，其他人则在一旁观看，我心里已开始感到有些失望。

领导吃了几口肉后，便开始讲话，随后是不断轮换人讲话，这时突然爆发出一个高亢的女人的歌声，我的思绪随着那歌声一起在草原上奔驰了起来。座谈会由此进入下一阶段，上演的是一个节目又一个节目，但歌都是一个调子，词我们也听不懂，我和胡子最终决定悄悄离开人群，到村子周围看一看。

我想不通这怎么能叫赛歌会呢，想象中赛歌会应该和电影《刘三姐》里的一样，你用歌出一道题考我，我机智地用歌来回答你，不像这样，就像平时的节日演出一样，大家一本正经地围坐在一起，循规蹈矩地表演着节目。

我和胡子牵着手，到村子周围转了一圈。我们不明白，阿勒泰有那么多美丽的白桦林，有那么多美丽的草原和河流，市里为什么会选这样一个地方为牧民安家。周围看上去是一望无际的贫瘠，只有单调的灰色，草都没长几堆，远远望去只能看到几棵沙枣树，但这里的牧民和市领导却因为阿勒泰有这样一个乡而感到无比自豪。

胡子分析，这可能是市里为改善牧民生活而树立的生活典范，如住进了房子并建起村落，不再是以前每户人家都相距几十里。我当时对胡子的说法并没有全然领会，因为这里看上去太不起眼了，后来我们到了赛里木湖，才知道牧民本来在夏天的时候一定是带着帐篷跟随牛羊住在草原上，但现在他们在一个村子里，住在用土建的房子中，这简直是创世纪的改变。但我当时的感受就是弹唱会变成了文艺演出，牧民的毡房变成了难看丑陋的土房子。

真正的阿肯弹唱会是在晚上才开始的。夜幕降临后，人们摆出丰盛的饭菜，用大号玻璃杯盛满辛辣的白酒，白天唱歌的那个胖女人此时穿着一身白色的碎花裙，头发向后梳起并扎了一条好看的丝巾，她站在桌旁端起酒杯，依然面无表情地对空唱起歌谣。我内心期盼她唱完这首歌后，会有一个男人出来跟她对唱。

一曲终了，我张着嘴巴赶紧鼓掌，这时向导告诉我们必须把面前的一大杯酒喝下去，因为人家唱的是：

> 远方来的客人，我们真诚地欢迎你们，
> 你们从遥远的地方来到我的家中，
> 使我们感到非常光荣，
> 远方的客人请你喝下我的美酒，
> 让我看到在你的杯中，滴酒不剩。

原来那个面无表情的女人唱的竟然是这样热情如火的歌词，我感动得差点儿流泪。这让我有受宠若惊的感觉，这是我从小到大从没感受过的感情，在这样炙热的感动之下，出身军人家庭的豪情也被激发出来，我豪爽地一口喝下那杯辛辣的白酒，酒据说有50度。这是我第一次喝白酒，胡子担心地看着我，他也很感动，同样喝下了杯中的酒，桌上的人都用带着方言语调的汉语说着："好酒量！好酒量！"

接着真的有一个男人开始唱歌了，我们俩尽量装作听懂的样子，万分真诚地盯着他看，歌者目视天空。唱完后向导又让我们喝，说歌词大意与前面女人的差不多，还是欢迎远方的客人，向导说："我就不翻译了，你们必须得喝。"

我和胡子急了，问向导是不是桌上所有人都得向我们表示欢迎，都得来一首歌，我们就必须喝酒。向导说大家都是一样的盛情，怎么能有的人的酒喝有的人的酒不喝呢？如果谁唱了而你们没喝他的酒，他会觉得你们看不起他，会跟你们打架的。

在第三个人唱歌时，我偷偷数了一下，桌上一共有15个人，一杯大约二两，15个二两下肚，我俩就死定了。我急忙问向导该怎么办，向导小声告诉我们，可以说酒精过敏，这里人一听过敏，就会放过你。

喝完第三杯后，我赶快用手捂着酒杯说："过敏，过敏。"胡子为保护老婆赶快附和解释说："她真的过敏。"其实这时他也不行了，胡子接着说自己也过敏，但那些男人大声说不行，哪有两个人都过敏的道理呢？胡子没办法，站起来出去解手了。等他回来时看上去平和许多，并且已是一副成竹在胸的样子。

酒喝过一圈后，大家才放过胡子，他一共喝下15杯。大家开始自由活动，有人在唱歌，有人在猜拳，有人开始跳舞，这时胡子拉开衣服，偷偷向我展示领口处用小夹子夹着的一个小塑料袋，这个袋子原先是装录音机用的，我这才恍然明白他为什么每喝一杯酒，就要低头用衣领擦嘴，过一会儿就出去解手，原来他是将喝的酒吐在小塑料袋里，然后跑到外面去倒掉。胡子说不幸的是塑料袋底有一个破洞，酒顺着洞都流淌到身上了，结果就是他现在像尿了裤子一样难受。

睡前"小插曲"

胡子和一个女伴在跳舞,他却不断给我递眼色,我从一位哈族小伙子的怀里脱出,那小伙子也不去找别人跳舞,就待在那里看我和胡子说话。胡子附在我耳边说:"那个小伙子不对劲儿,他只跟你一个人跳舞。"我说:"怎么办?"胡子说:"你先去吧,我来想办法。"我刚从胡子身边走开,那个健壮如牛的小伙子就一把将我拎回,他不说话,只是和我跳舞,我朝他笑了笑,他也酒气冲天地朝我笑,满脸通红。

我很佩服哈萨克族人的自律精神,跳完几曲后,大家便分头找床睡觉,若是两口子就睡大床,若是单身就睡小床。我们被安排睡一张大床,一个老头儿要上那张大床,被那小伙子一把拉起,推到了旁边的小床上。小伙子自己则在紧挨大床的小床上睡下,我心里感到有些害怕。

小伙子刚躺下又起身出去，胡子这时赶快从床下拉出自己的大包，警惕地从里面抽出一把长刀，藏在被窝里。那小伙子端着一杯酒回来了，拉起胡子非要让他喝下，胡子只好顺从地喝下。等那人转身回去送杯子时，胡子低头赶快把酒吐到了床下，我觉得胡子的机智都能做特工了。那人回来后又看了看，胡子这时已假装睡着了，我想他是怕再被灌酒，那人也回到自己的床上睡下。

　　灯刚一拉灭，我头顶枕头处就有了动静，那人好像在用手摸索着什么。胡子捅了一下我，我"嗖"地一下将头缩回被子里，这时就听到"嗒嗒"的敲枕头声音，我被捂在被子里也不知道外面发生什么。胡子手按着刀。不一会儿示意我可以出来了，而那边床上已是鼾声如雷了。

　　胡子小声在我耳边说："没事了，睡吧。"一觉醒来外面已是阳光明媚，我们要在中午返回阿勒泰。早晨起床后，胡子拉开包，拿出区文联开的徐晓平、李跃儿夫妇到新疆采访的证明。昨晚的那位小伙子看到后马上满脸通红，拼命说对不起，他说："我还以为你们不是夫妻。"

　　后来向导告诉我们，这里的哈萨克族人通汉语，那位小伙子以为遇着了一个开放的女人，当他发现我们是夫妻时就羞成了那个样子，真是一个可爱的人。

　　胡子说"这人可爱死了"，我当时还没悟到他怎样可爱，现在想想，费了那么大的事，就为摸摸对方的头，也实在是可爱。

第 9 章
遇到卡孜姆一家

李跃儿与卡玛古丽在饭后舞蹈
胡子 1986 年拍摄于赛里木湖卡孜姆家的毡房

乏味的作家笔会

从村子回来后,我不愿再待在阿勒泰,便决定和胡子去博尔塔拉参加一个文学家的笔会。我不想搭车,于是胡子就带我去坐大巴,又经历了几天几夜的行程。博尔塔拉和全国的其他城市一样,但建设和布局似乎要更讲究一些,处在无边的戈壁中,它就像是大海中的一座孤岛。

我们找到当地的文化馆,馆长是画画的,他将我们安置在门房住下。天气热得要命,我整天都是昏昏欲睡,胡子常常把我提起来让我坐着,但他手一松我就又倒下了。这天下午胡子不停地大喊着要我帮他一起赶苍蝇,我拼命睁开沉重的眼皮,只见他两手拿着枕巾,站在屋子一头像跳舞一样挥舞着,并要我在另一头帮他阻挡逃窜的苍蝇。我实在站不起来,胡子无奈只好让我躺着用腿踢来驱赶。

胡子奋力地舞着枕巾，满头大汗，一会儿停下来一看，苍蝇还是满屋飞。感到不满的胡子两手叉着腰，开始表情严肃地批判我，而我似乎随时都能睡过去。胡子生气地将枕巾扔到床上，摔门而去，而就在他关门的一刹那，我又睡了过去。那时我应该是中暑了，但我们当时并不知道。

2天后文学笔会正式开始，会上有踌躇满志的女作家，有高深莫测的男作家。老者如教授一般举止端正，年轻者则是才华横溢，却又谦虚谨慎的样子。我和胡子听他们评论作品，有些作品真的不错。但没几天那座楼里就开始弥漫一股爱情的气氛，跟感情打交道的人，无论是男人还是女人心中都装满了想象和情感，就像熟透了的番茄，遇到挤压，不流出点儿汤汁才怪。几天后作家们要去赛里木湖旅游，但他们不带我们去。

我听说那是拍摄电影《天山上的红花》的外景地，死活要去，胡子七拐八拐找到了市风景管理处，最后在市民政部门指示下，这里的处长才答应把我们带到那里并安置好。

我和胡子每天一早起来就收拾好东西，跑到管理处，找这样或那样的人，打听哪天能去赛里木湖，对方天天都回复说明天才能走，结果第二天要带我们去的那个人又喝醉了。一连几天，我们见到了各种各样的工作人员，但就是见不到那位风景管理处处长。

那座建在平原上的小城市真的很特别，有漂亮的柏油马路，任何一条街道都是干干净净的，街两面的人行道上铺着方砖，路旁装点的大树让人感觉神清气爽，政府机关就像北京的一个高档小区，城的四周是一些农田和果园。

每天见不到处长，胡子就带我到城边的村子里转悠，肉粉色的土墙上都是用手拍上去的圆圆牛粪，再加上墙边高高耸立的白杨，在这样的城市中行走，真是一种不一样的享受。

快乐的土肯巴图

终于有一天那个叫土肯巴图的处长没有喝醉,一大早我们就坐上了他那辆像喝醉了酒的破吉普车,一路跳跃着向天山驶去。

土肯巴图是个快乐的人,一路上不停地和车里人说着笑话,有时大家一起大声唱歌,两边的绿色草原和灵秀山峰,会让人忍不住有想要唱歌的冲动,其实在大家出声前,我就已在心里默默唱了许久。

车子在两座山峰之间的一片草原上蹦跳着走了很久,看着一路连想象都无法描绘的美丽风景,我想任谁在这里工作都会快乐似神仙,土肯巴图就一直在这样的地方工作,我真的羡慕死他了。不一会儿我看到在远处深绿色矮山下的浅绿色草地上,有一队人马飞驰而过,远远看上去红白相间的颜色,在深绿色背景的陪衬下显得格外亮眼。

还没等我提问，车已掉转方向朝着深绿色的矮山一蹶一蹶地奔了过去。我问那是在干什么，巴图的同事说，那里在开赛马会。等到了跟前，我们从车上下来，才看清原先看到的大块白色是帐房，细碎的红白颜色是人们用来装饰马尾的崭新布条，这些布条在阳光的照射下发出耀眼的光芒，那些白色的小圆点，是哈萨克族男人极具特色的白顶黑边礼帽。

巴图很受这里人们的欢迎，我们也受到热情接待，他用哈语向大家介绍我们，我听他提到"北京"，人们听了介绍，更加隆重地招待我们。

在翠绿山峡的雪白帐篷里，我第一次吃到了手抓饭，那是用碎羊肉加碎胡萝卜炒的大米饭，吃的时候先用手拿起大一些的羊肉，用食指和中指将米饭挡住，由拇指配合，拿到嘴边，然后拇指从里往外一推将这肉和米饭都推进嘴里，味道香极了。

让人难忘的手抓饭，再加上奶茶，那真是世上最简单，却最好吃并最有营养的食物，巴图的话不停地引得人们大笑。我想土肯巴图一定感到顺心，喝了几天的酒，好不容易有一天不喝，在去上班的路上又碰到牧场一年一度的赛马节，中午又混了一顿丰盛的午餐。吃完饭，满面笑容的巴图，戴上他那副笨拙的石头镜，又钻进了他的那辆专车里。

遇见赛里木湖

  我们坐在像巴图一样快乐的吉普车里,又拐回了大路。巴图叽里咕噜跟同事聊着天,而我不知何时又睡着了。胡子在腿上用衣服给我围了一个窝,我就趴在那里睡觉。过了一会儿,胡子将我摇醒,让我抬头看车的前窗。我看向车窗的第一眼,真不相信那是真的,以为自己看到的是一张明信片。

  几条浅绿色弧线之上露出的一片浓浓的、平静的深蓝色,在那深蓝色旁是粉红色的岩石,连接地面的大山高耸入云,在山上还有闪着银光的雪。胡子说,那就是赛里木湖。车在跳着,我在使劲儿捕捉着感受,无论怎样做梦或想象,我都不曾见过这样的景色。我觉得自己的心都快要跳出来了,努力搜索着记忆,电影中阿依古丽要当选大队长时,人们唱着歌在湖边采花的景象也不是这样的。

胡子见我傻愣着，又提醒我说："看，多美！"而我心里在努力让自己醒过来。车停在了那几条绿色弧线的顶端，那是高处的一个缓坡，在它向湖的坡面上有两顶哈萨克人的毡房。我们从车上下来，四周一片寂静，我向更远处看去，几百里湖面都在我的眼底，还有那几座将倒影印在湖面上有积雪的山。

站到地面的瞬间，我突然醒了，心猛地抽动了一下，完全被这种美给震撼，呆在了那里。胡子在我身边吸着气，依然说着："太美了！"正在这时，从我们身后突然传来了女人尖厉而婉转的哭声。那一瞬间的感觉奇怪极了，在美丽的画面中，流淌着尖声的哭泣。

我俩猛回头，看到身后的坡顶上，两个身材微胖的穿布裙的哈萨克族女人正搂在一起痛哭，而且她们拥抱的方式很特别，身体离得很远，互相把头放在对方肩上，构成了一个金字塔的形状。

正在我们感到吃惊时，女人们已经不哭了，她们离开对方的身体，相互微笑着问候，一同走进了帐篷。我们俩正感到莫名其妙，巴图过来喊我们进去喝茶。刚才哭泣的女人，像我见过的所有哈萨克族女人一样，在面无表情地准备着奶茶。客人们在地毯上盘腿坐成一个半圆，有人端来洗手的盆，我们洗了手，却发现没有擦手的毛巾。巴图告诉我们不能把手上的水甩掉，看人们将两手耷拉着支在膝盖上晾着，我们也如法炮制。

女主人拎出一块在市场上常见的粉红色条纹床单，里面包着许多的馍，那些馍被掰成一块一块的，有的已经干了，有的还是湿的；有的是蒸的，有的是烙的。她打开床单并铺平，将馍摊开，给每个人的茶碗里倒上奶茶，客人们再自己加上几块方糖，人们一手拿起饼子或馍，一手端着茶碗吃了起来。我心想，怎么刚吃了午饭，没过1小时就又吃上了？

象征性地吃完一点儿食物后，巴图说给我们安排了一户人家，主人是个兽医，懂一点儿汉语。胡子急忙问，我们去了要怎样向人家表示，巴图说送两块砖茶和一斤方糖就可以了。胡子又让他教一句问候的话，巴图说："你们进任何人的家，都要弯下腰，用右手捂着前胸，说'考通桑克'。"胡子就"考通桑克""考通桑克"地练着，好在只有四个字，不一会儿就记住了。

车沿着绿草中一条土红色的路行驶到湖边，又沿着湖走了一段，最终在一顶毡房前停了下来。我看到毡房门口有一条黑狗，看到有车到来，吓得躲到人群的后面。

一行人下了车，步行上坡来到毡房前，那狗竟一声没叫。小黑狗一副受气包的样子，尾巴夹得紧紧的，溜到毡房后面去了。同行的同志向女主人问好，我们只是跟随着大家弯了弯腰，胡子刚学的问候语也没派上用场。

进了毡房，巴图像到了自己家一样，斜躺到地毯上，其他几个人也随意地坐在那里聊天。家里只有女主人和一个5岁左右的小男孩。女人在外面生起火堆，不一会儿就端着一个上面小下面大的白铁皮奶茶壶走了进来。巴图赶快盘腿坐起。跟前一个毡房相同的程序，女主人拿出床单包裹的馒头、饼子和方糖，人们又开始吃馍，喝奶茶，聊天。我问巴图，是不是每遇到一家人都得这样吃一通？

还没等巴图开口，身边的人就抢着解释说，这是这里的风俗，只要来了人，不管是否认识，都要喝茶。我问刚才那两个女人为什么哭，他们说，这也是这里的礼节风俗，亲戚好久不见，见面要这样假装哭几声来表示想念。

这是一个重感情而好客的民族，可我们面前这位进进出出的女主人却一直沉着脸，巴图说这是给我们安排的人家时，我心里感到有些难受，觉得人家可能不高兴留我们住在这里，这顿茶我们喝了很长的时间。

黄昏，太阳在对面的山后射出几道光，直直伸向天空，一会儿完全消失不见。黑乎乎的山镶着金色的边，深蓝色湖面上像铺了一层浅蓝色的塑料膜。从毡房到湖边是一段下坡路，所以湖面处在水平视线之下。我不敢乱动，不知道主人家的规矩，女主人也不过来跟我们搭话，好像她不怎么懂汉语。中间我上了一次厕所，看到毡房后面是一面长着松林的山坡，开满了鲁冰花，这里简直是诗歌中所描绘的美好居所。

我的卡孜姆大哥

一会儿,门口一个黑影闪过,进来一个大汉,宽宽的肩膀,脸在背光处只能看到一口白牙。女主人也跟进来倒茶,后面还有一个长得不怎么好看的长辫子姑娘,还有两个大一些的,十一二岁的男孩。

巴图用哈语向来人介绍我们,我俩赶紧弯腰施礼,这时胡子大声说了一句"考通桑克"。可话音刚落,帐篷里就爆发出了大笑声,连女主人都笑得蹲到了地上,小孩们哈哈地笑着跳了起来,我俩则是一脸蒙,看着大家不知道发生了什么。

男主人笑着坐到地毯上,说:"你嘛,说错了,你说的是打屁股。"我俩大吃一惊,此时别提巴图有多得意了,几人又是一阵叽里咕噜,巴图一定是在向男主人讲述这出喜剧的精心准备和设计过程。我们完全相信了在阿勒泰听来的故事,认为哈萨克族人不会开语言的玩笑，可后来想想人家巴图其实是蒙古族人。

这出闹剧给帐篷里添了许多自然随和的气氛，我们也变得不再拘束。不一会儿男主人双腿夹着一只羊，羊头冲着屋里，双手抓着羊角，出现在了毡房门口。巴图说这是欢迎客人最隆重的礼节，这时我的心才算完全放下，主人是欢迎我们的，但不是用表情而是用行动。

卡孜姆大哥不见了，想必是在外面宰羊，我不能多想羊的事情，总觉得它温柔而可怜，内心平静后困意袭来，想要赶快睡觉。看看表已快10点，这里天黑比宁夏要晚2小时，等羊宰好，收拾好，做成饭，可能最快也要到夜里12点，巴图就打算等吃完晚饭后再回去。

毡房里点了灯，大家坐着聊天，一会儿男主人进来了，坐下时告诉我，在吃饭时女人应该坐在右面，男孩坐在左面，长辈坐在中间。我赶快爬过去和他的妻子和女儿坐在一起。主人一家不停地忙碌着，不知过了多久，终于端上来两大盘面条，毡房中煮着那只羊的大铁锅也飘出了香味。

羊头先被用盘子盛着端到大家面前，巴图用刀子将一只羊耳朵割下来递给我。我不知道该怎样接，没有碗，一时为难地看向胡子，胡子说用手拿着就行。巴图说最尊贵的礼仪，是主人把羊头端上来，羊嘴冲向客人，最尊贵的客人动第一刀，割下一只羊耳朵，会转献给他认为更加尊贵的客人，如同献哈达一样。

我很荣幸地接过羊耳朵，想把它给小男孩吃，但又不敢递过去，不知道这样算不算不礼貌。只好自己吃了下去，这是我吃的唯一一只羊耳朵。

之前我们有过吃手抓饭的经历，但如何在没有筷子的情况下用手把面前的面条递进嘴里，仍然是摆在我和胡子面前的难题。主人和巴图的同事似乎已在等着我们出洋相了，男主人友善地张大嘴巴笑着看向我们。女主人这时悄悄碰了我一下，拿起一块肉，在盘子边缘用几个手指一收一收地将面条集成一撮，捏起来后，用大拇指一推就放进了嘴里。我领会后刚要照做，就看到胡子正在用三个指头抓起一撮面条，面条哐里哐啷吊在那里，他正在想办法递进嘴里。最后，在大家的笑声中，胡子仰起头，高举手臂，将面条尾端先递进嘴里。由于瞄不准，面条在嘴巴周围又游荡一番，滴了他一脸的汤汁，狼狈极了。

我想胡子还是挺聪明的，他没有将面条直接送进嘴里，那样面条耷拉下来就会把衣服弄脏。胡子的方法让大家又乐呵了好一阵。接着他们友善而耐心地教我们正确的吃法，其实方法并不难。我成功了，可胡子那粗笨的手指，怎么也不能很好地将面条收到一起，他的吃法也成了我们饭间的"佐料"。

这顿饭吃完已是凌晨4点，大家心情愉快，主人此时拿出一把琴，很像热瓦普，但他们说是都塔尔。大家唱歌跳舞又是1小时，巴图说要走了，我像依恋大人一样有些不舍，心里空空的没了依靠。巴图走时嘱托我们不要随便进山，说山里不安全，说这话时我还回头看了看房后那黑漆漆的山林。

送走巴图，我装出轻松的样子回到毡房，主人家女儿这时已铺好了被子，我看到别处都是一层褥子，而有一个地方却铺了三层厚褥子。正琢磨这是给谁铺的时，男主人指着那里说："你们两个，这里睡。"我心里又是一阵感动，正想要谦让一下，胡子拉了一下我，我们就在那块贵宾地盘上睡下。那一夜，我们和陌生男人、女人及孩子睡在一起，感觉却是那么自然。

卡孜姆的家庭

第二天早晨醒来,我们看毡房门前是一片瓦蓝瓦蓝的颜色,以为看到的是远处天空,女主人这时从门口走过,胡子说:"呀,她像是在天上行走。"因为毡房的门正对着斜坡,我们躺着看不到草地,只看见了远处的湖水。过了好长时间,我们才反应过来,门口的那片蓝原来是湖水的颜色。

起床后,男主人招呼我们吃早茶,一家人又活跃起来。他们问我们叫什么名字,在什么地方,我们只好说自己是从宁夏来的,面前的主人似乎希望最好是来自北京。

当我说自己叫李跃春(注:我的原名叫李跃春)时,他们一家人说成了"楼妖虫"。任凭我怎么教,他们依然是"楼妖虫"。徐晓平比我好一点儿,被学成了"徐烧瓶"。男主人也介绍自己的家人,他指着女主人:"这个嘛,我的女人,卡玛古丽。"然后是 18 岁的大女儿："这个嘛，阿依古丽，拍《天山上的红花》时，下下来的，就叫了电影里的名字。"我们赶快问什么是"下下来"，他说："羊嘛，下小羊嘛！"我们说那是"生下来"，他说："下下来，一样的嘛！"

卡孜姆接着指着大一些的男孩："我的大儿子，卡斯特尔。"又指了指那个穿西服的小一些的男孩："这个嘛，我的二儿子，间谍。"那个孩子眼睛里真的闪烁着像间谍一样的光芒，和那只黑狗一样，一副委屈的样子。最后他指着躺在地毯上揪着被子、装婴儿撒娇的小儿子，就是我们最开始见到的男孩，说"这个嘛，是我的高极"。他一定最疼爱小儿子，在介绍"高极"时，卡孜姆大哥脸上是掩饰不了的愉快和心醉，但却故意装出一副家有珍宝不示人的模样，既幽默又可爱，我们一起大笑起来，但那个被叫"间谍"的孩子肯定懂这个词的意思，他的眼里露出了受伤的神情。

当时我还没有孩子，也没接触很多孩子，根本无法体会被叫作"间谍"的孩子要经历怎样的痛苦和忧伤，眼里才会露出那样的哀伤神情。

后来搞了教育，我遇到过很多二胎家庭无法处理好老大情绪和认知的问题，几乎每一个"老大"在有了弟弟或妹妹后，都会变成这样一个"间谍"。观察这些孩子，我才知道他们经历了多么大的内心恐惧和痛苦，有的孩子直接出现退化现象，开始变得迟钝、语言迟缓、发呆、不能思考，甚至开始尿裤子；有些开始胡闹，搞得大人不胜其扰。有这样表现还算好的，这等于说明孩子在用自己的方式向父母求助，向父母表达着自己内心经历的困苦，以及那种深深的恐惧。

如果孩子的这种表达起不到作用，他们就会逐渐变得麻木，失去安全感。他们不认为自己是家庭的一员，拥有家庭的一切，他们也不认为自己具有与其他兄弟姊妹一样的权利，应该同样公平地获得父母的爱护和需求的满足。

他们最终会以儿童的方式，通过一些"阴谋诡计"，如偷吃偷喝，或抢吃抢喝，通过自己的"努力"，来让自己获得安全感和生存的机会。他们不再相信父母会爱他们，会像对待其他兄弟姊妹一样对待自己，于是他们在小小年纪就学会以孩子的方式保护自己，这就是我们所看到的"间谍"的样子。

这一天男主人很晚才出去，随后我俩也出门了，顺着来时的路来到风景管理处看有没有商店，打算买一些礼物送给卡孜姆大哥一家。

风景管理处是一间土房子，门锁得紧紧的，在湖的那边有几座漂亮洋气的平房，说是宾馆，刚建好还没有开放。我们看到远处公路旁有几顶方方的军用帆布帐篷，就朝那里走去。那里果然是卖东西的地方，我们高兴地发现不仅有砖茶和方糖，还有少量的蔬菜和一些生活用品。

我们高高兴兴地买了几斤方糖和两大块砖茶回来送给女主人，女主人脸上露出愉快的神情，把这些东西收进毡房的一个柜子里。

中午也是喝茶，下午我俩跑向湖边，湖水清澈，湖底的石头都可以看得清清楚楚，湖边是差不多大小的带白色条纹的扁圆形鹅卵石。我俩盘腿坐在草地上，静静地听着湖水拍打岸边的声音，看着远处那露着粉红色石壁上面顶着白色积雪的山，一时不知我们身处何处。

在这个周长有200里的大湖周围，一共有五座这样的四季山，说它们是四季山是因为在夏季，在一座山上同时呈现春夏秋冬四个季节的状态，它们都映照在湖中，一同映入湖中的还有那在空中慢慢走过的白云。

牧民们一天只正规吃一顿饭，其他时间都是喝茶，而我们从小习惯一天吃三顿，每顿都让肚子撑得溜圆。在这里，我们每天如果不出去，就可能要陪不知从哪里来的客人喝无数顿的茶，到晚饭前肚子总是不饥不饱的状态，刚开始很不适应。

卡孜姆一家煮饭时在羊肉里只放盐，不放其他佐料，但羊肉却出人意料地好吃。喂羊时是要专门喂盐的，胡子莫名其妙地馋盐，于是老在人家喂羊的盐袋子里捏一撮盐放进自己的嘴里。

融入这个家庭

我们很快就和卡孜姆一家融洽起来,白天,我们出去转,几乎不回家;晚上,一家人吃完饭就唱歌跳舞,在这里人们吃完饭后唱歌,就像欧洲人的饭后甜点一样,都是必需品。如果在睡前不弹琴唱歌,我们就感觉像没过日子一样。

这里的夫妻因为一整天都不见面,夜晚又忙着唱歌,不说闲话,不出是非,也就不会吵架。大家都像植物生长一样自然无求地过着每天的日子,每个人做自己力所能及的事情,父母也从来不会表达对孩子的不满。

卡孜姆嫌我俩的名字不好记,就提议给我们起哈萨克族的名字,我俩大喜过望,我觉得少数民族的名字都比汉族的好听,叫什么都好听,大家围坐在卡孜姆的身边,他是一家的中心,具有很高的地位。

卡孜姆指着胡子说："你叫戛勒肯。"好听极了，我们忙问是什么意思，卡孜姆操着蹩脚的汉语解释了半天："这个嘛，就是到处走，喜欢乱走，不好好回家的那种人，浪子，浪子。"

胡子听了满脸喜悦，大概自己对浪子太满意了，但卡孜姆大概觉得自己没说准确，又补充"喜欢看风景的人"，我们高兴地大喊："太好了，太好了。"卡孜姆这才放下心来。他又朝着我说："她叫阿依夏，月亮光。"这个大汉，心中的美和感情，真是出乎人们意料，他给我们起的名字都是我们最喜欢和向往的，而且和我们这种文艺青年所具有的诗情与浪漫都无缝衔接。

我真心喜欢极了自己的名字，如果不是别人一听就知道这是哈萨克族的名字，而我又是一张彻头彻尾汉族人的脸，我非要将自己的名字改成阿依夏不可，我虽然不像月亮光那样纯美，但我喜欢月亮光。

夜晚，在美丽温暖的灯光下大家聊着天，我一回头，发现阿依古丽和我的老公脸对脸，阿依古丽干脆将两只胳膊支在胡子的腿上，在教他弹琴。

胡子是一个在这方面守旧到可笑的人。结婚前，有一天他吞吞吐吐要跟我说事，让我千万别生气。我拼命催着他讲，他才低着头，红着脸说，星期三，一个女老师到他的房间串门，他到床下拿东西，爬出来时，不小心按到了女老师的腿。我问："往后呢？"他说："今天我回来时，心想见了你该咋说这事。"我失望地问:"就这些?"他说:"你看咋办吧?我觉得很对不起你。"我哈哈大笑,觉得他这个人可真是没救了。

还有一次我跟妈妈一起从公厕出来,胡子见后眼睛瞪得老大,等单独跟我在一起时,大声问我:"你怎么能这样!"看他的表情我吓坏了,以为自己干了什么人类无法容忍的事情,惊问他怎么了?他说:"怎么能跟你妈一起上厕所?"我不明白,问他为什么不能。他说:"你那样尊敬你妈,上厕所时看见了不能看的地方和动作。"我说:"那一起洗澡呢?"他说:"天哪!怎么能这样!"他又问我是不是跟学生一起洗过澡,我说在公共浴池经常遇到,可笑的是学生老认不出裸体的我。他惊得眼睛瞪了半天都不眨一下,我问为什么不能。他说:"你在讲台上神气活现,学生想到你裸体的样子,怎么办?"我说:"在我叫他们时,好像没发现他们想起我裸体时的表情。"胡子听了我的话,表情像见了最恶心肮脏的东西一样,这让我笑了好多天。

可今天在卡孜姆大哥家里,他竟然能让阿依古丽靠得这么近,胡子好像忘了自己,阿依古丽也根本没把他当作男人,但阿依古丽不教我弹琴,我的心里还是有点儿醋意的。

第 10 章
永远的赛里木湖

寻找33年，胡子终于在2019年找到卡孜姆一家，拍下这张珍贵的照片。
前排从左到右：卡玛古丽、卡孜姆，后排从左到右：胡子、阿依古丽。

拍摄于 2019 年

赛里木湖

这个地方，美得无法入画，从任何角度我都找不到在画面上创造美的余地。无论我怎么画，画出的作品都像明信片上印着的风光，我很失落。

胡子则无论何时都在睡觉，赛里木湖的草又厚又软，没有蚊虫，我经常是伴着胡子熟睡的呼吸声在画那毫无独特感的风景，画过后就想撕掉。赛里木湖任何一个地方都美，但任何一个点都不能被单独抽出，它们只有连在一起让眼睛全部扫进心里，才能留下那份美的感触。

可这东西怎么才能画出来呢？这么美的地方，来一趟不容易，不画出张画来，我心里总觉得是白来了，我竟开始为此感到烦躁，而且我觉得胡子天天睡觉也浪费了这样美丽的时空。

那时，我们还不懂得，心里的画比纸上的画更重要，却每天都着急是否能画出一幅满意的画来。后来胡子说，画不出来，就当玩吧，我们好好玩一玩也可以，现在才理解胡子说的是有道理的。

后来在新疆 2 个月的旅行中，我们走过很多地方，凡是能够入画的，都再没像赛里木湖那样，永远地沁入肺腑，不会消失。赛里木湖就像停在心间的美酒，使我们沉醉了几十年，一直到现在，而且可能会一直沉醉下去。

赛里木湖的 8 月，早晚都得穿毛衣，有一天中午很暖和，我和胡子跑到湖边，看着清清湖水，我很想洗澡，于是我们找到一个有高一些的土崖挡着的岸边，脱了衣服跳进湖里，湖水清得可以看到自己的脚，我高兴地在水里游来游去。胡子像以往一样，一开始矜持着不肯参与，怎么喊都不下去，但平时到最后玩得最凶、最让人受不了的一准儿是他。

胡子坐在岸上，像母鸡对小鸡那样不停"咕咕"地指导我，不让我往前一步，只能在岸边的浅水区游，时刻警惕可能出现的"水怪"把他老婆拖走。后来他又换到崖上，这样能看得更远一点儿。

崖离水面约有 1.5 米，胡子站在上面盯着水面，我在水里求他下来，他慢慢发现没有"水怪"的影子，也因此有些动容。我猜他不会水，但胡子脱掉了衣服，立在土崖的草地上，说要表演优美的跳水，让我离远点儿观看。

胡子在阳光下展开双臂，模仿跳水运动员的动作将两臂并拢，以一个优美的弧线投入水中，我还不知道自己的丈夫有这样的本领。胡子动作不协调，常常胳膊挥动得快，腿踢得慢，在学校时，惹得同学们都拼命学他，但谁也学不会。这会儿看他跳水还真像那么回事，我赶快给他鼓掌。可胡子从水中站起，两手做鸡翅状耷拉在身体两边，可怜兮兮地喊了句："跃儿！"我仔细一看，有血从他胸口渗出，那湖水太清，看不出深浅，胡子跳下时湖底的石子将他胸前的皮擦破了一片。

我们回到崖上，决定把内衣、内裤一起洗洗，我们奇怪这里的人为什么从不洗澡，也不洗衣服，我说发现最近身上奇痒难耐，胡子说不会长虱子了吧？我前些天在陪客人喝茶时，在包馍的床单上发现了一只大虱子，说到这里我心里麻酥酥的，想必我们身上早已爬上了那些"小客人"。

我翻开衬衣的毛边，一眼就发现了一个大家伙，捏在手里软软的，不知道该怎么处理。以前小时候身上也有过，大人都是一挤完事。可这家伙太大了，挤下去指不定有多脏，而且我多年不做这事，已不忍心将一个小生命这么残忍地弄死。胡子在包里一阵乱翻，最后拿出一卷透明胶带。我觉得这个主意不错，胡子劲头儿十足，马上飞跑过去拿来自己的衣服，两个人就坐在映着雪山的美丽湖边，一丝不苟、勤奋地抓着虱子。

最后我们粘满了2厘米宽1寸长的胶带，无数小细腿在拼命地挥动着，胡子乐不可支，将它们背朝下放在湖水中漂荡着。胡子一边欣赏，一边洗自己唯一的一双袜子。等我抬头时，看见胡子的一只袜子已漂到远处，但不知为什么他不去捞，可能刚才吃了亏，现在不知道水的深浅，不敢下去。

胡子很注意危机，会夸大危及生命的危险，这时他只是朝近在咫尺的心爱袜子拼命扔石头，试图让袜子自己漂回来，但溅起的水花反而把袜子推向更远的地方。

胡子看着远处白色雪山倒影上一漂一漂的那个小黑点，"哎哎"地喊着，浑不知自己站在湖边的背影，加上那深蓝的湖水，还有涟漪和打碎了的雪山倒影，还有已成为小黑点的袜子，是多么美的一幅画。我哈哈笑着，飞快地将图构在了笔记本上，胡子提起另一只袜子，沮丧地使劲儿扔向湖里，说："拿去吧！"

游泳带来的两个后患

这趟幸福的戏水,让我们懂得了当地人不在湖中洗澡的原因。没几天我的脸就开始蜕皮,而且蜕皮的地方会长出硬痂,胡子一看我的脸上长了和阿依古丽脸上一样的硬痂,立刻决定要离开。

记得看到阿依古丽脸上的硬痂,是在我们刚到第二天的早晨,卡玛古丽大嫂突然凑近我,端详我的脸,然后伸出一个手指摸了摸,问:"你嘛,脸上抹的是什么?"

我赶快拿出自己随身带的擦脸油,是那时流行的"雅婧"牌,我打开瓶盖,拿给她看,以为她只是好奇,不想她狠狠地挖了一手指,叫来阿依古丽,立刻涂在她的脸上,然后又拉我的手去摸阿依古丽的脸。我触到了颧骨上那硬硬的褐色硬痂,那时我还猜不出这是为什么,这里很多人都有,卡孜姆满脸黑,不知是否也是这样,卡玛古丽大嫂没有,但间谍和阿依古丽都有。这里的牧民肯定知道湖水不能使用,他们绝不会去湖里洗脸。

那天游完泳还带来一个后患,就是胡子宣布他感冒了。这可了不得,他的感冒跟一般人不同,要打吊瓶,还得卧床3日,一般高烧40摄氏度左右。在家时,他通知我每年必须感冒一次,当他的"感冒气"来临时,我要准备他躺着时可享受的物品,如果你不理他,他会像要上屠场的猪那样叫,一般这种情况下我会失去耐心。胡子经常伤心地说,如果他断了一条腿什么的,最好是去死,这才得了感冒,妻子已经烦成这样了。

妈妈也批评我,在人家有病时,不可以给人家耍态度,可我希望胡子是那种你看他都病到不行了,可硬说自己没事的男人,一个人病成什么样是不用他自己哼哼着来告诉你的,别人从他脸上就能看出来,我喜欢照顾这样的病人。我想如果胡子是这样,那我肯定会无微不至地照顾他,可胡子每次说感冒来了我就发愁,一点儿都没有美人救英雄的感觉,等到他感冒正式启动,我已经很烦了。

那天晚上家里来了几个客人,这里的习俗是,天黑时无论谁进毡房,都要留人家吃住,那几位大汉完全是一副霸道有理的样子,住在这里比住旅馆还自然。其中有一个很威严的老头儿,也是黑壮黑壮的,卡孜姆大哥回来后就跟人家寒暄,胡子也是男主人,这时他还只是"感冒气"阶段,所以也陪在那里一本正经地做样子。

这些天，我们已被当成了自家人，参与所有家庭事务，我作为女人要帮卡玛古丽大嫂给客人端上洗手水，阿依古丽打开包馕的包。大家就座后，威严老人的目光搜寻一番后停留在我身上，他突然站起身，走过来抓住我的胳膊，一把提起我，说："巴朗子（注：意为少年）嘛，这边坐。"因为我那天穿着牛仔裤，加上阿勒泰事件后，胡子把我领到一个理发馆，剪掉了齐肩蓬发，看上去像一个男孩。

卡孜姆大哥笑着说："洋钢子（注：意为结过婚的小媳妇），洋钢子，洋钢子。"这时另一个大汉起身拉我的胳膊，说："洋钢子嘛，这边的坐。"大家为此大笑着，我自己也觉得可笑，他们眼睛露出的目光，是那么真诚可爱，我就这样被提来提去，没有丝毫受委屈的感觉。

晚上睡觉时四个陌生人要和我们一同睡在地毯上，卡孜姆大哥指着为我们铺的厚厚的被褥问："害怕嘛，男的外面睡，女的里面睡。"这样男的就靠着客人，女的被挡在毡房的边上。卡孜姆大哥又说："不害怕嘛，女的外面睡，男的里边睡。"卡孜姆大哥这样当着客人大声宣告，我们怎么好意思不信任人家呢？但我从来没有紧挨着一个陌生男人睡过觉。正在为难，胡子悄悄在我耳边说："跃儿，我们应该信任尊重人家，你靠外面行吗？"我的旁边是一个很好的小伙子，乖乖地躺着，大家很快进入梦乡。

半夜我听到胡子那边发出快要窒息的喘息声，就是人快要咽气时的那种垂死的感觉，我以为胡子发高烧，出现类似高山反应那种肺部水肿的喘息声。

胡子感冒从没发出过这么可怕的声音，我吓坏了，猛捅身边的胡子，胡子忽地一下坐起，瞪着愤怒的眼睛，紧张地看着我，问："怎么了？"我一看他根本没事，而那种垂死的喘息声仍在，仔细一听是一毡之隔的外面发出的声音。

第二天早上胡子从外面回来笑着说，他和一个垂死的羊背对背睡了一夜，卡孜姆大哥说，那只羊得了肺炎。也许肺炎让羊得了，胡子的"感冒气"没有深入发展，我们又在这里住了十来天，直到我的脸上出现了明显的硬痂。

送给老婆的花环

有一天早晨,卡玛古丽大嫂连比带画地跟我说他们这一天要去为一个亲戚说亲事,要我跟她一起去,我不明白为什么要我去。胡子告诉我,可能是去充门面,还要我带上照相机,胡子一听要骑马到很远的地方,就很高兴,收拾好东西准备一起去。

一共有两匹马,我和卡玛古丽大嫂骑一匹,胡子黏着卡孜姆大哥,哼哼唧唧地想让大哥邀他一起去。卡孜姆大哥在胡子胸口上推了一把,笑着说:"你的,在家里看公羊。"胡子失望透了,而我笑着向他挥挥手。马已走出去很远,卡孜姆大哥朝胡子笑着说:"好好看公羊。"

胡子站在那里看着我们,直到看不见为止。这一天所谓的说亲,就是不断地盘腿坐在几家人的毡房里喝茶,人家说什么我也听不懂,我不停地为他们拍照,单人的,合影的。可惜照相机坏了，所有的照片最后都曝光了。

在晚霞中，我们骑马回来，胡子远远地跑来把我们接下马，迫不及待地让我讲这一天的经历，我说除了喝茶就是喝茶，实在讲不出什么。

第二天我和胡子一起进山，顺着一条像柯罗的风景画一样的山沟，翻过几个小的山梁，最后眼前出现了一块空地，好像是有人为了修建庭院专门平整出来的，上面长着嫩绿的茅草，茅草上开着小白花，四周是密密的松林。

我最喜欢这种感觉，高兴地疯跑过去躺在草地上，看墨绿树梢中间那一片橄榄形的天空，流云从这边到那边极快地飘过，我决心要画下这片我永远都不想离开的地方。我在努力取景，但令我失望的是，无论怎样取景都无法表达这样的美，我只好用水彩画了一片开小花的草地的局部写实，主要是为了呈现在这里画画的美好。在我画写生的2小时里胡子一直在忙着，像只黑蝴蝶一样在四周飞舞，我没理他，当我快画完时，他将一个用小野花编成的花环戴在了我的头上。

直到现在，这件事也是我跟胡子生活以来，他做的最让我感激的事情之一。我扔了画板激动地扑到他怀中，他捏了一下我的鼻子，然后弯下腰捡起画具，让我背上，再背起我，走进旁边的松林。

松树的枝丫交错，伸展在离地不高的空间里，像网一样遮蔽前行的道路，我要下来，胡子却不肯。脚下长年累月积攒的松松软软的落叶发出特别的腐叶味，胡子背着我走了一段后将我放下。他牵着我的手，弯腰从一片树枝下钻过，我们翻过山顶，又下到半山腰，他对我说："坐在这里往下看！"呀，我透过密密点点的杂叶林间隙看到了像钻石一样闪耀的湖面。

在一棵大树根部的草丛中，胡子为我搭了一个窝，他自己背靠大树坐着，然后把我拉到胸前，让我向后坐到他怀里，我们一起看着湖面。真的，如果背后没有丈夫的胸膛，两臂不是搭在一个爱我的男人的腿上，头上没有戴着他亲手为我编织的花环，此刻透过婆娑树叶看湖的我，一定不会有这种感觉，我的心化到了空气里，身体化到了幸福里，这些怎么能用我那拙笨的笔画出来呢？

我叹了口气，放弃了画画的念头，安静地享受着这种感觉，这是我在赛里木湖的又一幅作品，它是我心中一个永远不醒的梦，而且时间越久，它就越美，每当它又一次显现时，我都感激那个做我老公的男人。

夫妻相处，这种感觉如果能被我们记住，在生活中遇到对另一方不满的时刻就回想一下这样的美好，不满可能就会被化解，如果能把感恩对方变成一种习惯，那么我们的生活就会变得幸福，谁愿意离开一个欣赏他、感恩他的人呢？

卡通胡子，我现在叫他老头儿，现在我庆幸当初没有像一只忙碌的蜜蜂那样要将一切都画到纸上,如果我拼命那样做了,可能现在我心中的这份美好就会消失,即便留在了拙劣的画面上,那也一定是我极不满意的作品。凡是我扔到画布上的东西,都已不在我心中出现,我不想这样,我多少次想把心里的赛里木湖扔到画布上,但无法做到,所以它一直很好地、很丰满地留在我的心里。

场部的盛大婚礼

决定走的前两天,我们打算到湖的另一边去看看,那里是牧场的场部,7月是牧场最好的季节,人们会在这时结婚,听说那里要举办一场盛大的婚礼,还会有民族特色活动,我们决定参加一次这里的婚礼再离开。

刚来时我们并不知道婚礼是最应看的,有一天早晨,阿依古丽说:"阿依夏,结婚去。"我还开玩笑说:"我结过了,你去吧。"那时我们对婚礼还不屑一顾。

这天下午,我和胡子坐在湖边的草地上画山,这时看到面前走来一队奇怪的人马。骑在马和驴上的大人和孩子都怪怪的,让我们感觉既熟悉又陌生。他们老远就喊:"阿依夏,戛勒肯!"我们也向他们挥手,等来人走近,我们才看清那是卡孜姆一家。卡孜姆大哥腰间挂着胡子珍贵的、最引以为豪的英吉沙长刀,阿依古丽在漂亮的纱裙外套着我的羊毛衫,卡斯特尔穿着我的外衣和球鞋,间谍戴着胡子的牛仔布遮阳帽,怪不得刚才看着那么怪,一面像看到了自己,一面又不认识。

我俩觉得好笑极了,而且心里很幸福,那时我们才刚来两天,他们就这么不客气地将我们的包打开,将所有服装都装扮到自己身上,这让我们有了安全感,感觉我们像一家人一样。

这次我们决定参加一次婚礼,早上我们搭了一辆车到场部,场部的人很郑重地接待了我们,专门炒了菜,找一些人来陪我们喝酒,胡子很快就喝醉了,将几盘菜揽在自己怀里说都是他的。后来几个东倒西歪的男人来到一片草地上,对着西斜的太阳说要唱歌,吃完了饭唱歌已是我们的习惯,在屋里吃饭,在外面唱歌。

醉态中的胡子,大喊着要唱宁夏民歌。男人们背对夕阳围成一个半圈,胡子面对观众跪在草中撅起屁股,头插在草里,嘹亮的宁夏花儿《哥哥的肉肉》,就从那丛草中散发到夕阳的余晖中。

观众中有人能听懂胡子的词,用哈语解释给其他人,哈萨克族是个相对保守的民族,阿妹、阿哥、肉肉,这样的词不会出现在他们的语言中,他们的情歌高雅而文明,这样的歌词对他们来说很是刺激,大家发出一片笑声和喊好声。

第二天的婚礼,婚礼举办者是比较富裕的人家,所以场面的确比一般婚礼隆重。山坡下的三顶帐篷周围聚满了人,连山坡上都是人。女人们正时兴穿绛紫色西服,男人们穿灰色的西服,再戴一顶呢帽，小伙子则戴那种有檐的布帽，很特别，三顶帐篷是供婚宴使用的，一次容不下多少人，所以人们得分批进去吃饭。

等待的男人们在四处乱转，女人们则整齐地坐在一片草地上，像绵羊一样不露出任何声色，轮到谁，谁就起来，按顺序进到帐篷里。我们看不到新娘和新郎，询问下，昨天喝酒已成为熟人的朋友才指给我们看，我吃惊地发现，新娘竟坐在等待吃婚宴的队伍中，而新郎在树林里和小伙子们聊着天。这真是个有趣的民族，结婚的新郎新娘与客人待遇毫无差别。

婚礼上还有一些活动，我感觉比汉族婚礼有精神内涵得多，也有趣得多，只是这些活动似乎跟新娘新郎没什么关系。

看到有叼羊，胡子也很想参加，一群人在马上拉扯争抢一只羊。我不知道用来争抢的羊是活的还是死的，心里难过到不行，心想怎么能如此对待一只有生命、有感觉、有父母的生物？胡子安慰我说羊肯定是死的，要不然掉到地上跑了怎么办。

在另一个场地上有一种叫"姑娘追"的游戏。人们在山坡上自觉一排排站好队，像小学生跑接力赛，男人们要找个女伴。然后男人在前面骑着马跑，姑娘们骑着马在后面，边追边用鞭子打前面的男人，据说如果姑娘打得狠，说明她对这个小伙子有意思。我发现很多少数民族，都为年轻人的相识和恋爱提供了可以公开接触的比较巧妙的机会。

"姑娘追"只有未婚的成年男女可以玩，但姑娘们玩得并不投入，只是象征性地跑两个来回，举举手里的鞭子，小伙子们则很活泼自由。胡子很想玩这个，主要是想骑马，但没有姑娘愿意跟他玩，传统的哈萨克族女人是不可能跟陌生人玩的，胡子非常失望。

不忍离别

我们准备走了，胡子把他心爱的英吉沙长刀送给了卡孜姆大哥，送完以后胡子的脸就像被刀刮了一样难看，他太喜欢那把刀了，而且很难再买一把。看到他的脸色，我都在想不知道我被人抢走了，他会不会也这样难过。

第二天卡孜姆一家出了一件人事，大家都面色紧张，细问卡玛古丽大嫂才知道，昨晚家里有三只特别优良的公羊跑了。这种公羊很珍贵，远近的牧民都来找他们家的公羊配种，是卡孜姆大哥家的重要资产，我们决定先帮助他们寻找公羊。

大家分工往不同的方向找，卡玛古丽大嫂到山后去找，我们去左边的山林，阿侬古丽守家，卡孜姆骑马右行，挨家挨户去询问。

早晨的阳光斜射进山林里，我们由卡斯特尔带领，在一片丛林里漫无目的地搜索，我没有能找到公羊的感觉，但丛林美得让我流连忘返,我愉快地闻着松林特有的松香味,希望能在树枝的网眼间忽然看到一团白色,那样就一举两得了。

卡斯特尔突然蹲了下来,并急忙回过头来挥手,示意我们蹲下,不要发出声音,看他恐惧的样子,我猜想是有狮子,心想今天算完了,若遇着狮子,肯定会有恶战,肯定会有人受伤,伤了谁我都受不了。

我们赶快问卡斯特尔是什么,心想哪怕是狗熊也行啊,那样逃生的可能性大一些。卡斯特尔比画了半天,我们的回答他都摇头。后来我就用本子画,画了一个狗熊,他摇了摇头;画了一只狮子,又摇头,后来胡子说画一只狼试试,结果我画出来的像狗,卡斯特尔笑了,拼命摇头。胡子说你画成了狗,他当然摇头,他能被一只狗吓成那样吗?然后胡子抢过速写本自己画,画的也像狗,卡斯特尔还是摇头,并伸手要本子和笔,我俩怀着好奇将本子和笔递给他,这孩子"嚓嚓"几下画了一只动物,本子递过来,我俩异口同声地说:"狼!"画在本子上的是一只实实在在的狼!

我俩自我嘲讽了一通,加倍小心地跟在卡斯特尔后面,卡斯特尔解释说"狼"叫卡斯托尔,并指给我们看狼刚走过留下的新鲜脚印,还有身体卧下时留下的印记。在我俩细细观察那些印迹时,卡斯特尔已走得看不见了,我大喊"卡斯托尔",胡子在后面捅我说:"你喊的是'狼',你会把狼喊来的。"我心里着急,怕孩子一个人出事,仍在大声喊,喊的还是卡斯托尔。结果我们发现孩子惊慌地躲在一个小树丛后东张西望,我吓得也赶快蹲在他身边,卡斯特尔小声问我们:"卡斯托尔?"我莫名其妙地看着他,他又问:"卡斯托尔?"

胡子一下明白了,把我俩揪起来说道:"你这个傻蛋,我告诉你,你把卡斯特尔喊成了'卡斯托尔',他以为发现了狼,才吓成这样。"我一直想不起卡斯特尔的名字,只记得"卡斯托尔"。我们一直没有发现公羊的踪迹,直到与卡玛古丽会师。

一家人都回来了,羊一只也没有出现,可卡孜姆大哥好像并不着急的样子,看意思是种羊跑到谁家的羊群里去了,那家人沾了点儿光,但人家会送回来的,这里的人不会有意去占别人的便宜。

过了夜,第二天吃完早饭,我们背起行装准备走了,卡玛古丽和我哭作一团,卡孜姆大哥跑到帐篷后面不肯出来,我一路哭着走向公路。自此 直到晚年,找想起卡孜姆大哥一家心里就难过——我们年年都在打听他们的下落,直到2002年终于有了地址,但寄出的信却如石沉大海。

有了孩子后,我们打算带儿子到赛里木湖去寻找卡孜姆一家,但因各种事情耽搁一直没去成。直到2019年,胡子开车旅行,专门跑到赛里木湖,可那时牧民早都搬走了,赛里木湖成为被保护的风景区,在岸边的草地上架起了木栈道。

胡子到那里时正好遇到一家人在举行婚礼,胡子向一人打听卡孜姆一家，那人马上找来一个管理人员，管理员正好负责博尔塔拉居民片区，卡孜姆大哥一家就在他的管辖范围内。胡子激动得不得了，婚礼结束后，那人就带着胡子找到了卡孜姆大哥一家。

见面的一刻，大哥流泪了，突然走进屋里，拿出一张卡片递给胡子。胡子一看，是我们1986年临走时留给卡孜姆大哥去找我们的地址。

看到卡片胡子也哭了，卡孜姆大哥和卡玛古丽大嫂也哭着，当胡子用视频与我通话时，看到大哥我也哭了。

我们一别就是33年，其间卡孜姆大哥一家一直在找我们，我们也一直在找他们，芸芸众生，我们有这样的缘分，还有什么能比这更珍贵呢？

第三部分

挑战与修炼

第 11 章
不曾永恒的幸福与痛苦

2004年，儿童之家落地北京3个月后，李跃儿带着宁夏的孩子们返回银川。
拍摄于 2004 年

永不安分的性格

从新疆回来后，胡子还是不肯安分，依然雄心勃勃，但他好像没有明确的方向和目标，不知道自己具体要干什么。胡子在县城里已经成了有名的怪人，人们最津津乐道的，是他半夜提着录音机到河边去听音乐，还在沙漠里露营。

胡子的作品手稿已经能装满一个小纸盒了，走过万里路，他还要去拜见名人。在我们还清了债务，有了一点儿积蓄时，胡子让人从上海捎回来一件铁锈红色的高级西服。西服穿在身上，气质和修养都显现出来了，照着镜子，胡子满意极了，半夜把隔壁准备考外语研究生的吕学虎叫来，看他的西服。

胡子又出去闯荡了，他的经历和作品吸引了一批名人，而我独自待在陶乐，不愿意做饭，就老在外面吃，因此得了急性肝炎，等胡子回来把我送到医院时，我的病情已经非常严重，自此我下定决心要离开陶乐。

我还是和胡子不停地吵架，1986年年底我被调到了石嘴山市群艺馆，胡子却没法调过来，那时县里卡着，一般不会同意人员调出。事情拖了有1年之久，直到有一天胡子想出了办法，假装自己得了黄疸肝炎，拿着请调函去见当时的教育局局长，说"我被传染了急性肝炎"，边说边要跟局长握手。局长吓得赶快摆手说道："啊，你的事好办，你去找主任盖个章，就过去吧。"随后胡子在市里的一个区政府找到了一份工作，同时我也做好了当妈妈的准备。

胡子发现写小说没劲，开始生厌，并开始对口述实录文学感兴趣，又像刚开始搞文学那样，没日没夜地研究起来。为了这事我们又不停地吵架，那时我怀孕已有8个月，胡子还没上班，我们没有住房，就住在剧院原先放电影机的地方，那个地方倒也宽敞，就是吃水不太方便。

胡子给自己布置了一个工作台，上面一字摆着烟灰缸、墨水瓶、一碟小零食、一支崭新的钢笔，还有一沓干干净净的稿纸，桌子被擦得亮亮的，他常常坐在桌旁满意地欣赏着这一切。胡子跟我说他要写一个长篇，要我别打搅他，我每天悄悄进出，自己提水，买菜做饭。

20多天过去后，胡子却说："李跃儿，我写不出来了。"我非常气愤，跟他大吵起来，他为了文学花了6年时间，画也扔了，花了那么多钱到处跑,最后基础打下了,楼却不盖了,这不是浪费嘛。当时我们家穷得只有结婚时妈妈送的两条毛毯,再就是一个大立柜、一个书柜和一张床,这些就是我们的全部家当。

现在想起来,自从要当妈妈了,我就对胡子不满起来,其实胡子还是那个胡子,结婚 5 年以来我都没发现他有什么问题,现在看他却到处是毛病,当时根本没有考虑可能是自己哪里出了问题,我越挑毛病胡子就越焦虑,也就越无法沉下心来坚持完成自己已经开了头的事情;越挑胡子的毛病我也越觉得不幸福,我把所有原因都归到胡子头上,以前的美好荡然无存,两个人的关系变得非常糟糕。

生活的修炼课

从1987年10月开始胡子就天天睡觉,无论我何时下班回来都能看到他在睡觉,脸睡得又白又肿,眼神里全是迷茫。看到他这副样子,我烦透了,所以又是常常吵架,一直到这一年的12月底孩子降生。

那时我失望透了,家里那么穷,没有房子,家徒四壁,老公天天在家睡觉,也不知体贴,我一点儿都看不到胡子的优点,内心痛苦到极限,这种痛苦都变成了争吵。

到了临产期,我没有出现反应,胡子通过熟人找到了当时市煤炭总院最好的产科主任,这位主任刚从美国学习回来,威望很高,对胡子具有这样的能力我不领情,医生安排我住进医院,肚里的孩子还是没有反应,最后医生建议打催产素。

我觉得自己很坚强,很多产妇都害怕,但是我夹着一个小包袄就来了，产友的家属还拿我来做榜样教育他们家的产妇。但是打了催产素后，我的肚子就疼起来了，起初我觉得还可以忍受，不就闷闷地疼几秒嘛。第二天再打催产素，疼痛的频率增加了，我感觉人就像要死掉一样，每次阵痛都要大口呼吸。

胡子一直陪着我，他两天都不曾回家，在我睡着时他是否休息，我都不知道，而且都没想过要关心这个问题。胡子尽职地挽着我的胳膊在院子里走了一圈又一圈，我也没想过胡子是否很累，好像他累死都是应该的，我甚至都没有跟他交流过他的感受，我好像是一个没有爱的人，在胡子面前封闭自己的内心，不向他敞开。

终于待产了，我被推进了产房，医院是老旧的平房，产房就像是普通的村居委会办公室。在产房的外屋，待产的妇女们都躺在床上哇哇乱叫，马上要生的会被推进里屋。胡子一会儿把门推开一条缝急切地问怎么样，一会儿又弄来两个果丹皮，大胆地溜进来，自己吃一个，弯腰把另一个递过来问我吃不吃。当时我还真想吃，但还没等我答话，出来一个医生大声地把胡子训了一顿并把他赶了出去，隔着门缝对他说赶快回家，弄点儿小米稀饭放点儿红糖，媳妇就快要生了。

胡子不愿意麻烦我爸妈，他大概真的不知道产妇刚生完孩子要吃什么，现在想来他是太心疼我了，看我那么受罪不知道该如何是好，那时果丹皮是很奢侈的零食，胡子也许想着生产那么痛，吃点儿零食能够分散注意力。

孩子是在下午 1 点多出生的，胡子将我抱进病房，喂稀饭，喂开水，瓶瓶罐罐准备了一大堆，光盆子就拿了两个。胡子嫌医院的被子脏，带了自己的枕巾和床单，在被头包上雪白的毛巾。我感觉他是忘了来医院的任务，像是要把家搬来这里生活一样。

在把我从产房抱回来的几小时里，胡子一直忙进忙出，临床伺候产妇的中年妇女直夸他细心，胡子听了很是得意。我刚经历过惨烈的奋斗，也忘了我们是来干吗的，似乎一件大事终于完成了，很是高兴。过了一会儿，护士抱着一个包着红花小被子的婴儿走进病房大声问："这是谁的娃娃，一个大儿子还没人要？"病房是十几人的大房间，起先我还东张西望，突然想起来我中午生过一个孩子，再看看床铺，发现自己身边没有孩子。

我赶紧跟胡子说："那个包着孩子的小被子，好像是咱们的。"那是我们快到预产期时，公公婆婆来看我们，给我们做的婴儿小被子，我惊呼："那是咱们的孩子吧。"胡子这才一路小跑，一边"噢噢"地应着从护士手里接过孩子。孩子"哇哇"地哭，胡子不知道该怎么办，旁边的中年妇女指导他冲葡萄糖水，这一夜胡子睡在自己带的躺椅上，半夜说腰疼，又挤到我的病床上，结果让我半个身子挨着墙冰了一夜。

第二天早上，胡子打开一本养育书，按照书上的说法，一勺奶粉兑 20 倍的水，结果孩子喝了光尿尿，一个劲儿地哭。胡子不管孩子哭，却每次拉门前都要用酒精棉擦门把手，病房的人都在笑他。中午他说回家拿饭，可一直到晚上9点还不见人影，快10点了才提着一桶面条来，我气得哭了起来，他说自己睡着了。

一个爱妻子的男人，竟然把刚刚生产的妻子扔在医院，自己在家睡着了。我们家没地方住，公公婆婆不能来照顾，我的爸爸妈妈让胡子每天回家拿饭，但是胡子总觉得我父母不喜欢他，于是尽量不去。这就造成我刚生完孩子被扔在医院两餐都没着落，我觉得自己悲惨极了，也由此落下胡子永远无法逃脱的罪状，之后我们的关系更加恶化，我对胡子更加不满。

想想胡子当时的困境，如果现在我儿子遇到胡子的情况，我会心疼死的，那时没有一个长辈帮他，也没有人教他如何做，没有人替换让他休息一下，一连熬了好几个夜，一下睡着了，那是再正常不过的，但是当事情发生时，胡子得到的只有指责和抱怨，却没有同情和理解。

胡子还是不愿意回我妈家拿饭，每天就在街上买一些面条之类的食物给我吃，结果妈妈和妹妹都对他不满，妹妹心疼我，还跟胡子吵了一架。

胡子继续一个人照顾我和孩子，7天住院期间，胡子很快学会了照料孩子，胡子照顾孩子也像开展新项目一样振奋和努力，他每天都总结经验。他用两个手指将孩子两只脚脖一夹，一只手将脚提起，另一只手换尿布，干净利落。但胡子做这件事似乎只为沉醉于自我欣赏,而不是为了孩子,在孩子满月前他几乎都没抱过孩子。

出院后回到我妈家坐月子,我的奶不够,半夜孩子哭,要起来冲奶粉,我费了九牛二虎之力将他打醒,胡子坐在床边,继续睡,然后又倒下,好不容易让腿迈下了床,身子在床上又睡着了。有一天我好不容易把他打起来,冲了一碗奶,说试试烫不烫,胡子竟站在屋中央"咕咚咕咚"地把奶喝光了,他的儿子在床上已经哭得快没气了。我大声喊:"为什么把奶喝光了?!"他非常不好意思地说忘了。我妈妈对他很不满,胡子也受不了我妈的态度,我还没坐满月子他就回陶乐上班去了。等孩子满月他回来,儿子已长得胖胖的,他非常喜悦。

人们都喜欢诗情画意和风花雪月,但人总得吃喝拉撒,要有柴米油盐,要赚钱去买这些东西,生活就是日复一日地把赚的钱用在吃喝拉撒上。如果我们心里只装着诗情画意和风花雪月,就会不接纳柴米油盐,但在我们的生活中柴米油盐占用的时间,总是多于诗情画意和风花雪月占用的时间。

通过婚育的经历,我领悟到的是,风花雪月与诗情画意只不过是生活的佐料,生活不能没有它,但是也不能只有它,毕竟它无法让我们填饱肚子。

我们的素养与审美能够让我们的生活充满诗意,使生活没那么无趣,没那么枯燥,因此也就没那么多烦恼。如果我们能更进一步，有能力把柴米油盐都搞成诗情画意或风花雪月，那么生活就会过得更好。

回过头再去反思，柴米油盐真的就令人痛苦和无聊吗？而美丽的花环、浓密的树林，以及开满鲁冰花的草地，真的就是诗情画意和风花雪月吗？实际上它们本身特质都是一样的，是我们生活中遇到的有生命的物体或没有生命的物质，只是我们个人给它们打上了有诗意或没有诗意的标签。这样看来，世间万物都会被我们的心染上颜色，心是什么颜色就给这些事物染上了什么颜色。

如果这是真的，那么就有一种可能，我们有可能通过改变我们内心的色彩来改变我们的世界。如果我们的心是诗情画意的，那么我们看到的一切就都是诗情画意的。这也包括我们从赛里木湖回来后，所过的这种看上去不怎么令人满意的、条件不怎么好的生活。

胡子看上去是一个不成熟的老公，他在妻子生孩子坐月子的时候照顾不周，还差点儿把孩子丢了，这样的事情看上去真的很奇葩。但这正是胡子人格的卡通之处，是他在现实中做出的行为，那我是不是可以原谅他呢？

如果我们的家庭中缺少关于"宽容"的文化渲染，家里的父母对所有人又过于苛刻，有可能最后家庭剩下的只有指责、不满和痛苦，它所造成的结果就是所有人都不幸福，所有人都不快乐。

行为带来的后果和痛苦，如果再被女人拿着不愿放下，一辈子遇到一点儿情况就翻箱倒柜，把对方以前做得不好的事情和过错从头到尾再说一遍，那么男人的自信和自尊都会被渐渐消融，如果一个男人的自信被消融掉，他就会变成一个畏缩的、没有力量、不阳光灿烂、不酷不帅的男人。

于是，女人会发现当初那个自己所爱的，充满美好、充满才华、阳光灿烂的男人不见了，取而代之的是站在我们面前那个灰溜溜的男人。

如果一个女人这样做的话，就等于扼杀了自己可爱的丈夫，缔造出一个不可爱的丈夫，又因要跟这个丈夫一起生活感到悲哀，但这一切是不是由我们自己造成的呢？

我们能做的就是让自己醒悟，让自己有智慧，看到这种行为中的不合理。让我们奋起改造自身，以明朗的心情面对我们的丈夫和家人，宽容他们做得不到位的地方，因为他们是我们的亲人，他们愿意跟我们过一辈子。

我们还可以时时刻刻记着去观察和赞扬他们身上的那些闪光点，并带着欣赏的眼光去看他们。这样我们自己就会快乐和幸福，我们的脸蛋总是红红的，皮肤总是充满光泽，由于感到幸福我们也会变得可爱，一个可爱的女人怎么会得不到男人的爱呢？

所以幸福是我们亲手创造的，不幸福也是我们亲手创造的，而我们不是为享受不幸福而活着，不是为感受痛苦而活着的，既然很多人因为痛苦连生命都能放弃，那就说明我们不是为痛苦而来，既然不是为痛苦而来，我们就要把痛苦的根源拿掉，去创造幸福的根源，这才是我们作为人的生活目标。

在柴米油盐中修炼我们自己，使我们自己在任何情况下都有信心，遇到任何人都能宽容，对待任何人都能尊重，看到所有的人都是可爱的，看到需要帮助的人能去帮助他们。做这样的人，一定会有长久的幸福和快乐。

可惜那时我还不懂得这样的道理，不具有这样的智慧。胡子的短板在于日常生活中表现得笨手笨脚，所以当我们从仙气飘飘的赛里木湖回到生活中时，我们就一直在吵架，直到有一天，我醒悟了，我们就开始改变，后来我们的生活又变成了赛里木湖式的，不同的是，任何地方都是我们的赛里木湖。

为什么挖了无数的坑坑

我能如愿调到市里，要感谢当时主管文化教育的一位好领导，我去找他时，并没有什么特别之处，只是拿着自己的画的照片讲述了自己的理想。我不知道他要费多大的劲儿才能把我从陶乐县调到人人向往的群众艺术馆，只听说那是极其艰难的事。

换了工作后，我们马上就计划内有了孩子，有了孩子就开始过日子，穷得每月都等不到发工资，我去找母亲借20元钱，发了工资再还。母亲笑说，你不能计划一下，月底不要借，月头就不用还，这样不就够了吗，但是我们就是过不到月底。

我们没有房子，单位把市剧团筹备处的门房借给我们住。那里除了门房其他地方都荒着，房子虽很小很破，但院子却奇大无比，婆婆来帮我们看孩子时就在这里种菜。

那是我们这辈子过得最困苦的日子，后来我开办了美术班，教孩子画画，有些额外收入，生活才算好过一些。这期间，胡子到中央美术学院进修，他还想到银川市想做企业的"军师"，但结果无疾而终。最穷时，有人邀请他到某省一个湖中岛上去，想给他弄个大马褂，据说嘴巴上还要粘点儿狗毛，装作"高人"去开馆算卦。

家有妻儿，胡子想的都是如何赚钱，记得当时他的各种招数如天女散花般不断闪现，每个都光鲜亮丽，现在看来，一个人在不知道该如何赚钱时才会每天想各种招数，那时他的内心应该是很痛苦的，因为想法如此之多，而能做的事情却如此之少，一段时期后，他发现什么都没做成，于是就开始变得愤世嫉俗，沉沦下去，接着就是抑郁，等等。走过之后发现，其实无论哪片花瓣，一个人只要抓住一片，一直做下去就不会一无所获，因为只要一直往前走，当最初的路走不通时，就会有新的路出现，到那时已走过的路就会变成走新路的储备资源。

胡子不同的是，他无论干什么都能干得出色，令身边的人吃惊不已，上手一个项目，不久就能让众老手一片哗然，被当成圈里的高人。但不久后，胡子就会换一个项目，又在很短时间内引来一片哗然，然后胡子就又不做了，再去涉猎一个新的门类。

一开始我们并没有发现这个问题，也不觉得这是问题，就是觉得胡子才华横溢，灵感迸发，像节日里的氢气球一样漫天飞舞，以为他就是这样才华过多的人。后来时间久了，胡子每一件事情都没有做到底，他就开始怀疑自己，因为虽然新事情带来的曝光足以让他产生光环，但他内心的自我审视已不满足于这样的成就，他已开始站在世界大师级的层面去考虑问题，时间久了，人也就变得抑郁了。

那时我依然不知道他到底哪出了问题。总的来说就觉得胡子不坚持自己，不能够把一件事情从头做到尾。有一天胡子问我说，他到底是怎么了，我才真正地开始反思，胡子到底是怎么了，除了我们前面说的童年时空间敏感期没有发展好、永久客体的概念没有建构好、因果关系的概念没有建构好所出现的行为方面的困难，胡子为什么在精神层面的品质会是这样，会不断地挖很多耀眼的坑坑，却不能够打出一眼深井。

后来我坚决要来北京，因为那时我已经由绘画教育，开始注意到孩子们出现的发展和心理问题，发现孩子们把本应玩耍的时间拿来学习绘画，家长和孩子自己都希望将来有个出路，实际上我慢慢发现他们的心理状态和人格状态，根本不能透过绘画找到未来出路，因为孩子们的灵魂和心理被严重地禁锢了，他们内心是恐惧的、压抑的、沉重的，是不开放的，是不灵光的。他们刚来的时候，有的人展现出如大师一般的绘画天赋，但随着上学时间变长和在我这儿学习时间变长，他们的灵感完全消失，只剩下技术，这样的人是无法在艺术中有建树的，即便是当个普通的画家，也是会遭受打击的。

丈夫是我的人生教练

有一年胡子从中央美术学院回来,我正在家里兢兢业业地教一些备考的高中生,那时我教的学生高考通过率是非常高的,家长以能把孩子送到我的美术班里而感到安心和自豪。

我教学生特别严谨,特别勤奋,那时我的孩子也还小,常常是家长帮我带着,我把所有时间拿来付出给那些想要考美术学院的孩子。

胡子观察了我给这些十七八岁的孩子上完课,他们从他面前走出去的状态,他说:"哎,李跃儿,你这些学生有点儿不对呀!"我问他哪里不对,他说:"他们走路胳膊都不甩,哈着腰低着头,看上去像犯人。这样的状态怎么能搞艺术?你怎么能把孩子教成这样?"

听他这样说,我首先感到的是委屈,觉得我在家里一个人带着孩子这么辛苦，教学生赚一点点钱全都支持他，又是进修又是在外边诗情画意，我在家里像祥林嫂一样，于是我就又哭又闹，对他说："你成天在外边，在北京，在中央美术学院见的多了，看的是好的，回来觉得你老婆啥都不是，我赚的钱全都给了你，我这么辛苦，你觉得我容易吗？"

后来想起这些对话，我就觉得好笑，从这些对话可以看到，当时我的心还没在孩子身上，即便我勤奋努力，也是为了自己，为了自己要成为一个好老师，可能根本没为孩子着想，于是我把孩子搞得那么压抑，那么沉重，我自己却完全没有发现。虽然我对胡子又喊又哭，但是过后却在反思，孩子们真的这样压抑，这样沉重，他们将来能成为艺术家吗？

命运在帮助一个人的时候，似乎总会额外强调一些事情，以便让我们印象深刻。恰好之前那位帮我调动工作的领导的孩子要考大学，在考前几个月，领导不幸因肝癌去世，临终前还嘱托孩子要跟着李老师好好学习。我因为种种原因没在他去世前看他一眼，心里特别痛苦，特别难过，所以更发奋要好好教他的孩子。但是我越发奋，他的孩子就显得越笨，到快考试的时候孩子的素描简直是一塌糊涂，连一个刚入门的孩子都不如，而那时她已学画有 10 年。

这个孩子后来获得上一所美术学院的机会，在她上了大学两个月后，回到家里拿着在学校画的素描给我看，我简直不敢相信那是她画的，因为那张素描漂亮极了，充满灵气，而她以前在我面前连人的五官都画不到位，这件事情给我带来极大的震动，让我怀疑自己在兢兢业业地"误人子弟"。

芭学园的由来

经历过领导的孩子的事件之后，我便决定不再教孩子，但是不教学生，连一点点补贴家用的钱都没有，于是我就预备去学裁缝。正在这时，首都师范大学的杨景芝教授来到宁夏讲课，我听了他三天的儿童美术教育课程，一下被唤醒了，发现我完全走错了路，实际上绘画的作用应该是启发孩子灵魂，去唤醒孩子的灵性，保护孩子美好和健康的心理，能把作文写好，能把文化课学好的基础素养工具，而不是只想培养高考生。于是我开始创造性地探索教美术课的方法，不久我的美术班的学员就爆满了，中央电视台的张同道老师也第一次来到宁夏拍我的美术班。

之后我的眼界就被打开，能够去关注孩子内心的痛苦，并且看到他们已经痛苦到连身体都变得麻木和僵硬。为什么孩子会变成这样？这引起了我极大的好奇，我想了解孩子们到底出了什么问题，在围绕着孩子对家长和学校进行了一番调查后，我震惊地发现，错误的教育对孩子内心的忽视和损害。

这种发现使我寝食难安，再也无法延续画家的梦，无法再去创造那些令自己兴奋不已的课堂模式，而是开始把家长揪住，给他们做工作，感染家长能够看到孩子的痛苦，建议他们回家如何以正确的方式帮助孩子，让孩子能从那种苦难中解脱出来。

我自己开始大量探索阅读儿童心理学方面的书籍，并且试图找到一种不伤害孩子灵魂和心理的教育方式，使孩子能够快乐地学习。我认为北京是全国政治文化中心，在那里肯定有世界上最先进的教育模式，最后我带着不愿意离开我的六个小孩子和两个大孩子来到北京租了一套房，开始办起了儿童之家。

2005年，胡子把儿童之家改名为"巴学园"，这个名字来自日本作家黑柳彻子的著作《窗边的小豆豆》，但后来发现这个名字已被上海一家公司注册了，又更名为"芭学园"。

我本打算在这个地方学到好的教育，再回到宁夏继续办我的美术学校，做我的画家，但是一来就没回去。因为在北京周边有一些了解我的家长，他们把孩子送到了我的儿童之家，之后这些孩子一茬接一茬地来。我无法再回到宁夏，于是就扎根在北京，并且放弃了绘画，搞起了教育。

充满激情的李网论坛

在我要做这件事情的时候，胡子又一次提供了坚定的支持。他认为要先开一个论坛，这个论坛的名字叫"李跃儿教育论坛"。在这个论坛上发表我们所有的教育理念、教育思想和践行的教育故事。这引来了一群对教育有热情并且想要去探索先进教育的人，这个论坛做得非常有影响力，胡子吸引了一群想要一起做教育的人，组成了论坛的管理班子。

论坛进入良性循环，那时候胡子一个人干着一个团队的事情，由于常年超负荷的工作和心力耗费，胡子完全失去了对生活的掌控，身体透支，精神紧张，吃饭不知道吃的是什么，晚上睡不着觉，白天又一直趴在电脑前，终于有一天，胡子病倒了。

那时我们已经有两个儿童之家。这两个儿童之家正蓬勃地发展着，家长们一边跟我们一起做教育，一边尽可能给我们提供帮助和支持，我永远感激这批家长，他们对我的帮助和支持是我终生难忘的。

胡子生病，是一段惊心动魄的经历，大家都说他的痊愈是一个奇迹，连医生都这样认为。人不经历生死大关，真的不容易判断生命的价值。如何学会看待苦难，如何学会不让自己以痛苦的方式去理解痛苦，如何在苦难中找寻幸福，这是需要我们不断地去深思和练习才能获得的智慧。

第 12 章
不曾遭遇的挑战

胡子修道图

胡子画于 1997 年 9 月

　　图后故事：有一天，胡子突然跟我说想出家，我说同意你出家，但有个前提，就是出家时把你爹妈和你儿子带上。在我离开后，一时感到悲愤，胡子突然想画画（那时他已有近17年没画画）。他拿起茶几上一张烟盒大的纸片，用铅笔画了起来，差不多20分钟，便有了这幅"胡子修道图"。画中天地间乌云翻飞，中间有一高耸危石，胡子端坐其上，长发如瀑倾下，抬头远望虚空，好像已穿透宇宙光年之外。

胡子吐血了

那是在 2007 年 6 月 13 日的中午，我之所以能准确记得这个日子，是因为这段经历之后，我用记录的方式疗愈自己，让自己从疲惫不堪中慢慢恢复过来。

那一天我和胡子去超市买了东西，并找了纸盒子，准备搬家。回来后，我看到胡子一脸凝重，就问他有什么事瞒着我，他做出不经意的样子，告诉我他从昨天就开始咳血了。因为他的"感冒气"带来的长期影响，只要他的体征不发生变化，我一般都不会在乎他的声明。

直到晚上，胡子坐在沙发上，轻轻咳了一下，将一口鲜血吐在垃圾筐里，我才意识到事情严重了，拉着他就往医院跑。预感到自己得了大病的胡子，反而装着啥事没有，这两天一直在拼命干活，敢情都是在自己骗自己。

我们先到天通苑的一家医院，我跟医生说："他在咳血。"医生平淡地问："多不多啊？"大概医生也跟我之前的想法差不多，只不过是痰里带点儿血丝。

见医生问，胡子说："我吐一口你看看。"然后轻咳一下，将一口鲜血吐在垃圾筐内。医生伸头一看，神色大变，"哎呀"一声，说："赶紧上大医院吧，我们看不了。"我忙问哪一家最近，她说："安贞医院。"

我立刻要求胡子开车回家，然后一起打车到安贞医院。这次看病的是一个年轻男医生。胡子如法炮制又轻咳一下，吐出一口鲜血。这位年轻的医生看了一眼，二话没说拿起胡子昨天在医院拍的片子就走，来到门口，对胡子说："别动，一会儿车来拉你。"

不一会儿，一个穿白大褂的男人推着一辆铺有粉红色床单的推车来到门口，要胡子躺上去。胡子乖乖地躺在床上被拉到抢救室，这下我才觉得事情有点儿严重了。

一到抢救室，扑上来一群医生、护士，不一会儿胡子身上就挂满了各种电线，不断有单子交到我手里。我开始像蚂蚁一样在各个窗口间穿梭，做完各种检查，点滴也输上了，我才算松了一口气。胡子还嫌躺着不舒服，我又把我的包垫在他的头下。

晚上10点多，有人来问是否要租躺椅，我顿时感到喜出望外，可以不用在这里站一夜了。

未能意识到的灾难

第二天早晨，胡子被收进重症监护室。那里的病人大都是躺着进去的，胡子却自己高高举着输液袋，"噔噔"地走了进去，医生和护士一看都很惊讶，说这个人怎么是这样。

胡子在重症监护室躺下后，我们俩还开玩笑，很得意我们是这样雄赳赳、气昂昂地走进重症监护室的。那时我们做梦都想不到等待我们的将是什么，就像"二战"时期法国要去前方参战的士兵，临行前与妻儿吻别，所有人都觉得不过是去乡村度假一周，很快就会高高兴兴地回来，但结果等来的竟是死亡通知书。经历了这件事情，我才知道自己曾是多么傲慢和无知，还以为世界都在自己的掌控之中。

接下来的3天里，胡子仍然吐血不止，尤其是到16日的下午，吐出的血水已装满两个矿泉水瓶，还有一些没来得及收集，吐在了垃圾筐里。那时，我觉得只要在医院，就不必害怕，医生说什么也不会让一个"噔噔噔"走进来的人躺着出去。

当医生告诉我胡子长期营养不良时，我特别不理解——都吃一锅饭，怎么他会营养不良，需要输大量的氯化钠，还要喝钾水呢？我忘了很长时间以来，胡子吃饭时根本不知道自己在吃什么。对人来说，并不是把饭装进肚子就叫吃饭，人必须有内在的精神准备，心理的接纳，吃进去的饭才能够被身体分解和利用。胡子同样是在吃饭，但吃下的饭并没有变成营养被身体吸收。

到了 17 日，由儿子替换看护，我回家洗澡换了衣服。第二天早上赶回医院时，却看到胡子一脸痛苦，他说自己不停地拉肚子，而且胃难受得要死。

胡子说昨天下午护士安排喝了半瓶钾水后就这样了，说是输液瓶那么大的瓶子，而且是空腹一次喝下的。我有点儿怀疑，因为平时钾水都是喝一小杯。

我就去找主治医生问，是不是喝钾水喝的？主治医生说不会，并问我是否给他吃了一个桃子？我说只吃了几口，而且这么些天都是这么吃的。医生看上去慌了起来，调来仪器给胡子做各种检查。还有其他科室的医生过来看，一名男医生在听了我说的情况后，随口说了句："那是 10 倍的量。"

为了不让医生有顾虑，我放弃追究开错药或吃错药的可能性，避免让医生、护士隐藏真实情况，这样我至少知道胡子到底为什么会变成这样。我对主治医生说:"也许开的药是正确的,但护士看错了。我现在只想知道钾水喝多了到底会怎样?"她说:"只会使胃有点儿刺激,不会拉肚子。"

又过了一天,在上午会诊时胡子已成为"情况不好"的病人,躺在床上眼睛都睁不开,脸色难看极了。胡子说胃难受,医生说已加上了治胃的药。后来住院时间长了才知道,医生说的"不好"是生命垂危的意思。

脑炎的征兆

药起了作用,晚上胡子已能喝一点儿粥,大家这时似乎已忘了吐血的问题,我也糊里糊涂地感觉问题已经解决了。

第二天医生来找我,说胡子没什么问题了,检查结果吐血是由于肺部静脉曲张血管破裂造成的,我们也因此转到了呼吸科的普通病房。我雇了一名护工,这样可以有人跟我轮换着看护胡子,看胡子跟病房里两个年龄相当的病友相处得很好,我的心也放下了多半。

因为有护工的分担,第二天上午我去园里看了看孩子的状态,那时感觉医院和幼儿园就像两个世界,一个是地狱,一个是天堂。

下午回到医院,胡子拉起我的手来到后院,在一棵树下,他眼睛直瞪瞪地看着我,却不说话。我发现他眼睛发红,而且有眼泪顺着眼角流下来。我还从来没见过胡子流泪,以为他病了之后变得多愁善感，我回去一个晚上，他就成这样了，到医院才觉得老婆更亲，我笑着帮他擦掉眼泪。

胡子又向小公园的别处走，手一直紧紧地拉着我，我觉得有点儿不对了，找到一个凳子一起坐下。胡子对着我开始说话，说了几次，都是只说前半句就愣在那里，忘了后半句，看到他的泪水又从眼中溢出，我的心"忽"地一下，感到事情不妙。追问他，他还是只说半句话。

当时的那种感受也许有人感受过，就是把亲人留在一个地方，自己离开，再见到时不知道他遭受了什么折磨，已变得不成样子，在过去的时间里他承受了巨大折磨而你却不在身边，一切无法补救。你看到的结果，是已被折磨坏了的他，我无法用语言描述那种恐惧和痛苦，那是一种不能再痛苦的痛苦。

胡子干脆不说话了，起来拉着我朝病房走，来到呼吸科，进了走廊，却见他越过自己的房间一直走到走廊的尽头，一脸的茫然。我看到他这个样子比看到他吐血感觉更加害怕，护工告诉我，他从早晨就是这样，而且脾气特别大，还说他起了一身的红疹子，我的第一反应是药物过敏，接着想到的是那讨厌的钾水。

以前我最惧怕的是找人去沟通，到一个陌生地方去敲陌生的门，然后进去面对冷漠的面孔，这一次我似乎一下变得特别能闯，而且我知道胡子的命就在我手中，就是要尽所有力量去挽救胡子。

安顿好胡子，我立刻去找胡子的主治医生肖医生，非常凑巧，我们之前认识，他是芭学园孩子的家长。

听我说了情况，肖医生立刻跑过来看胡子，问了几个问题，胡子都答不上来。肖医生急急地出去，不一会儿带着几个医生返回来。简单问诊后，医生要我们马上做头部核磁共振，神经科医生看了看结果，也没说出什么名堂。到了晚上，医生给胡子用了抗过敏的药。

第二天一早我等在办公室门口，肖医生一来我马上对他说，胡子发了一夜烧，而且出门找不到卫生间，从卫生间回来又不肯进自己的病房。医生听了，反而让我开导胡子，说是不是心理压力太大了。我清楚，这个样子一定不是由心理压力大造成的，于是要求再检查一下。

上午我们被要求去做脑电图，这时胡子已经不能走路，连轮椅都坐不了，坐在椅子上身体总软软地向下溜，看他的眼睛，好像他的神魂已经不在身体里。他根本无法等到检查做完，我们要不断将他溜下去的身体抱回去。

拯救小分队

回到病房时，我们在门口遇见了员工李玲和芭学园的家长轶凡爸、轶凡妈等许多人，大家看到胡子的样子也都吓坏了。

回到病房，我们又被通知要做腰椎穿刺。检查时我担心地躲在外面，不知道等待自己的将是什么，这时我反复告诉自己，不能哭，不能伤心，因为那样我会崩溃，被情绪主导，我就会病倒，如果我病了，胡子的境况将无法想象，我想我再也不能离开胡子了。

做完穿刺后要求平躺 6 小时，胡子无法理解我们的做法，反抗得很厉害。为了能在床上躺 6 小时，我和几个家长、朋友几乎是在与胡子激战，他力气大得连我们都按不住，就像有另外一个灵魂进入了他的身体。我身上有几处被胡子咬伤、抓伤，半个身子都是青紫的，可怜自己的情绪刚刚生起一个头，就被我屏蔽掉了。家长们看到我被抓成那样，都很生胡子的气，我自己则坚决关闭一切怜悯和感受。

6月22日，芭学园的家长玥玥爸为我们联系了一个从德国回来的呼吸科专家。这位主任来看胡子，唤着他的名字，并指着一旁的我问"这是谁"。胡子两眼浑浊，根本不能回答。主任说会从别的医院请医生来会诊，并让我们再等一下脑脊液的检查结果。

此时我告诉自己，一定要保持内心平静，急只能急坏自己，如果我病倒了，那谁来做这些事情。我意识到，胡子两次出现大的意外，都是我不在的时候，所以我告诉自己，绝不能倒下，而且再也不离开胡子。

玥玥爸打来电话说自己要出差，让我下午去找那位主任。在办公室，主任告诉我："神内的医生认为可能是病毒性脑炎。脑炎这东西变化太快，所以确诊后必须马上治疗。一位地坛医院的医生正在赶来。"我尽力让自己平静地等待，不断做深呼吸让心脏不要乱跳。

这时，轶凡爸来了，守在胡子的床边。不一会儿，主任领着一名精干的女医生走过来，主任说，医生们都等在这里没有回家。我一看时间，已快晚上9点。

经过一番检查，那名女医生将可能的疾病与胡子的病症一一做了对照分析，像给学生讲课那样，给我们讲了可能疾病的排除，非常细致专业，同时又保证我们能听懂，最后她认为胡子的病症非常接近单纯疱疹病毒性脑炎。

主治医生拿出安贞医院的处方，女医生略微做了改动，说应该马上输阿昔洛韦,所有医生最后都松了一口气。

看到情况明了后,我让轶凡爸回家休息,在我一再的催促下,他才不舍地离开了。

到了晚上 10 点,我看已经没有液体,可护士还没输阿昔洛韦,马上找到值班医生。他说医院没有药,现在是晚上,不能为一个人去买药。我一听顿时火了,为了不让病情恶化,那么多医生一直守到把病情确诊才回家,而他居然因为没药就不采取行动,最让人不能理解的是,他竟然不把情况告诉我们。

我立刻给轶凡爸打电话,他说由他来安排。一会儿,他打来电话说明天一早去找药。没有任何办法,我只能安慰自己,告诉自己着急只能使事情更糟,不断排解涌上心头的焦虑。

一整夜,我都在不断摸胡子的鼻子,试探鼻息。好不容易熬到天亮。轶凡爸和论坛的版主张春华来回奔波,到中午时,他们买回来 30 支阿昔洛韦。这中间已有人来问是不是要预备后事。6 月 23 日下午,"阿昔洛韦",这四个字成为最让我喜爱的字。

我眼巴巴地看着药水流进胡子的身体,自己的呼吸仿佛也顺畅许多。到了晚上,胡子竟然睁开了眼睛,还吃了两口饭。

夜里 1 点,胡子又输了一次阿昔洛韦,我自己坐在床边一直抓着他的手,目不转睛地看着药一滴一滴落下。到凌晨 2 点,药输完了,我才安心地在旁边的床上躺下睡着。

胡子的身体里没有胡子

6月24日,在入院12天后,胡子已能自己坐起,但他说出了一串奇怪的字符。我在纳闷,他难道不知道别人听不懂他说的话吗?我在他耳朵旁大声重复他可能想要表达的意思,他只是茫然地看着我们,然后又说出一堆诸如"多罗多罗、索罗多"这样的话。我又对着他大喊,胡子这时指着自己的耳朵,我才意识到他失聪了。

我尝试跟胡子用笔交谈,胡子写下"给我眼镜"。我把眼镜给他戴上,给他写这些天治疗的经过。他认真地看着,又说"机乌避迷就是说软软波披"。我写道:"你说的话我听不懂。"他看后眼中失望极了。胡子写下:"躺!"接着"咕咚"就躺下了,逗得大家都笑。医生说从没见过这样的病人,胡子得病都很卡通。

当胡子已经有点儿意识时,就开始到处找香烟。再过了一天胡子能看懂报纸，而且也不昏睡了。有天晚上经医生特许，我还带他回了趟家。在家里胡子比较乖，但却不想再回到医院。我给他写："我给医院做过保证，如果你不回去，他们就要把我扣在那里。"胡子看后，很爽快地说："走吧！"看到医院要扣我，他马上就乖乖配合了。

为了帮助胡子恢复记忆力，轶凡爸拿电脑拷贝了几张小朋友野外生存的照片，胡子看了几张，说："芭学园。"我和轶凡爸马上肯定。有一张照片，我把小厉看成贺静，胡子还纠正说："不是，是小厉。"我们都好高兴，以为困难时刻就此过去了。

下过雨，胡子想出去走走，轶凡爸说他可以陪着。出了病房，他回头看我有没有跟来。我一来，他就把手扶在我的肩上往外走，轶凡爸要跟着，他一边说"行了"，一边把轶凡爸推了回去。

看胡子状态稳定，我想回家洗个澡换下衣服，可还没等进浴室，电话就又响了。传来小申急切的声音，说胡子自己跑到院子里，怎么都拉不回来，现在已经跑到医院北面的十字路口，还要买烟和酒。我从衣柜里拉出几件衣服，手忙脚乱地换上，告诉他千万别让胡子去买，我马上就去。

打车赶到那里，看到胡子目光忧伤，可怜地站在十字路口，见了我一句话没说，直接走过来牵起我的手朝医院走去。看来他根本不是要买烟和酒，只是像孤独的孩子一样，不理解妈妈的离开是暂时的，以为她从此不回来了，于是感到焦虑和恐惧。

我拉着胡子回病房，病人都从房间出来看他，我们就像婚礼中的新娘新郎一样，被夹道欢迎送入房间。医生打趣说："怎么这么乖啊，这会儿听话了。"胡子高抬着头，旁若无人，面无表情，我能感觉到他的手舒适而平静地放在我的手里，真是乖极了。

　　胡子的状态一天比一天好，大家都很高兴。我每天把情况用手机发给小雨爸、张春华，还有铁凡爸，好让他们放心，这时我感觉自己在北京有个大家庭，虽然我一个人待在医院，但是后面有家人撑着腰，我有任何需要他们随时都会冲过来，所以不觉得很苦。

第 13 章
穿越而回的胡子

胡子与李跃儿
陈蓉拍摄于 2021 年

病房里的"戏班子"

在没得脑炎前,医生分析胡子的吐血可能跟吸烟有关,并且说"现在吸一个倒一个",胡子旁边就躺着一个肺癌晚期的病人,整个呼吸科的病人几乎都有吸烟的习惯。胡子发誓这辈子再也不吸烟了,当时我感谢苍天,成功给了他一个教训。

可得了脑炎后,本性战胜了教训,胡子开始不断要烟,如果我试图劝阻,他就会样子痛苦地发脾气。胡子的理性和自律已不足以配合治疗,但靠我的外力控制,又会使他处在不良情绪中,我便跑去跟医生商量,最终医生同意每天给他吸一点儿。

胡子不停地起床,贼溜溜地去卫生间,可笑的是他就像在演一个新手间谍,观众一目了然,他自己还非常得意。

这时主治医生来找我,建议胡子转到神经内科。我有些犹豫,因为一直没查出血管破裂的具体原因,怕因此耽误肺的治疗。但看到胡子痴呆的状态，待在呼吸科显然是不明智的，所以我最后还是签了字。

27日上午，我和护工用轮椅推着胡子去神经内科，他嘴里叼着一支没点燃的烟，像受伤的巴顿将军一样，腰杆笔直，一副要指挥诺曼底登陆战役的样子。主治医生回过头来看他，笑着说："胡子真酷！"

在神经内科，我们被安排在紧靠门的一个房间。安顿好胡子，嘱托过护工，我马上跑到办公室看两个科室医生的交接，我不断强调肺炎的治疗，主治医生非常亲切，说这里的医生也是内行，如果有问题，呼吸科也会过来会诊。听了他的话，我心里有了少许安慰。

主任带着主治医师一起给我讲，说虽然脑部核磁共振没看出什么，但症状就是病毒性脑炎，治疗方案是没错的，他会继续治，会再加一些神经营养药，这样输液十几天后，就该进入恢复期了。医生叮嘱，病毒性脑炎要抓紧治，不然会有后遗症，就永远像现在这样了，让我们一定要配合治疗。

听了医生的话，我放心了些，但当时根本没在意医生对"未来"的描述，对胡子后面出现的"狂躁"没有任何准备。这也是人的本性所在，没有亲身体验，对别人说的事情永远不会有真正理解。

病房里还有两个病人，有一个60多岁的老先生，还有一个马连店的农民，他们都不能走或走不利落，而胡子却总是飞快地下床，在卫生间与病房间穿梭。

每次胡子一起身，我和护工就手忙脚乱地摘下药瓶预备跟上胡子，否则他就会拔下针头自顾自地走，我们一个人举着输液袋推着输液架，一个人控制不让胡子做出破坏行为。三个人一路小跑经过其他病房，那些头脑清醒身体不能动的病人和家属总是看着我们笑。在无聊的病房里，因为这出幽默戏剧，多出了些许欢乐。

这里的病人情况好点儿的是两腿能蹭着挪动，次之是半个身子能动，大多是躺着和坐轮椅的，像这样带着两人飞来飞去的病人，只有他一个。但在能活动的人中，他却是脑子最糊涂的。

胡子夜里1点要输一次液，每次看护工睡得那么香，我都不忍叫醒他，就独自守到2点。第二天中午吃过饭，我就到花园的座椅上，不管不顾地枕着手提包睡一会儿。病房的两位病友实在受不了胡子的闹腾，换了房间，最后进来两个根本不能下床的病人。

第二次腰椎穿刺的结果出来后，确定胡子就是单纯疱疹性脑炎，但核磁共振的片子却让医生感到奇怪，说看上去像中毒，询问是否接触过有毒的东西。我问医生会不会是因为钾水，医生坚决地否认了。

收获温暖与感动

轶凡爸几乎每天都来看胡子,并准备了电脑让他上网,尽可能安抚他好让他配合治疗。李跃儿论坛总版主玉米妈妈从珠海赶来,替我看护了一晚,让我回家睡了一个完整觉——每天睡在走廊里,没有被子的我已被冻感冒了。

芭学园家长小宝妈妈、豆豆妈送来了花和被子,豆娃妈和皮皮妈送来臭豆腐和王老吉,胡子之前只喝冰红茶,来福听说后,大热天抱着一箱冰红茶送来,知道她当时身体并不太好,我真是心疼得不得了。

医生来查房,让胡子做一道数学题:100－7=?。胡子听不明白,于是问医生:什么?医生解释说:"如果你有100块钱,花了7块,还剩下几块?"胡子很坚定地说:"我没花。"同时对医生认定的"全面认知障碍"不屑一顾。

有一天晚上，胡子凌晨 2 点起来后就不肯睡觉。因为他之前有到处乱跑的前科，我和护工都紧紧守在他身旁。中间我去卫生间，怕胡子看不到我焦虑，就拿出睡衣让胡子抱着，对他说："你乖乖躺着，在这里等我回来，好吗？"胡子顺从地点头。等从卫生间回来，我看到胡子把睡衣抱在胸口睡着了，安静得就像一个 2 岁的孩子。

不知不觉进入 7 月，在 1 日这天，小雨爸成功替下我，让我回家一趟。胡子恢复很快，基本是一天一个样，可以和别人聊天，只是复杂语言表达能力和表情表达能力还需要进一步恢复。胡子说的话，我已经能听懂了，他可以很好地控制自己的情绪和行为，容易相处一些了。7 月 6 日，玉米妈妈在照顾一周后，返回了珠海，我很感激。

大概是从 5 日开始，胡子的语言能力出现退步，情绪不好，不愿意说话。我去跟主治医生沟通，并打电话询问芭学园朗朗小朋友在宣武医院工作的姑姑，双方意见基本一致：出现情绪和语言反复是治疗过程中的正常现象，并且认为恢复过程会比较长，一般在 2 个月以上，要超出我们之前的预估。

7 日这天是星期六，我让妹夫看着胡子，我回家睡觉。到早晨 5 点电话响了，说胡子又要出去，人家不让，他就踢门，好不容易劝住，6 点就自己走了。妹夫跟在后面，一直等他走累了，坐在了地上，他们才打车回医院。

星期一凌晨2点，药输完，我拔了针，闭上眼想打个盹，就听到有响声，偷眼一看，胡子正一手高举药瓶，昂首挺胸径直朝我走来。他弯下腰认真地看着我的脸，我突然睁大眼睛，他平静地嘿嘿笑了几声，说："上美术馆。"我说："谁会在凌晨2点上美术馆？"他听完便转身离开。

到了5点，胡子又来找我，我说还要睡半小时，他转身走了，半小时后又来了。我说："还困。"他说："你咋睡那么多？"我笑了，拖不下去就只好起来。我们出去后，到了十字路口，胡子说："上美术馆。"我心感不妙，便大声说："美术用品商店9点才开门，我们可以等医生查完房，滴完药再去。"

胡子听后不理我，把我甩到一边。这时我突然意识到，可能他以前跑出去，都是有自己的愿望，但他没法说清，如果别人阻拦，他当然气愤，所以要坚持按自己的意愿做。他的病把他的人格本质呈现出来了，那就是像孩子一样执着。

我们坐104路公交车来到美术馆，这里所有商店都关着门。都看过后，胡子在一个店前的台阶上坐下，我在一旁陪着，等了很久。胡子突然起身朝小巷走去，走进一家四合院，被一个老头骂了一通。胡子继续一家挨一家地找，我心想就这样陪着他吧，好让他死心，获得经验。

就在我打算劝胡子放弃时，他还真找到一家美术用品店，不过是卖国画用品的。胡子购买了所有用具，一共花了200多元。

店主看他是病人,还送给他一本画册和一瓶上好的墨汁。

回到医院,医生查房时,他正挥毫疾书,医生觉得又好玩又生气,说了几句,胡子便不输液了,开始逐渐拒绝治疗。每次输液为了扎上针和让他能待在床上,都要进行一番激战。

网吧事件

我渐渐发现胡子闹腾的规律：上午8点多、下午3点多、晚上6~7点，每次力气都很大，不好控制，但是时间都很短。

胡子脾气变得越来越大，几乎每天都会摔东西。电话摔了，电脑也摔了，再要时我就说都被摔坏了，他只好去读报纸，胡子变成了一个不折不扣的一岁半的孩子。

这天，看胡子情况很好，我就让儿子和护工看着，自己回家冲了澡，赶到小班园和大班园看了看孩子，或妈也打电话说去医院帮助照看胡子。

到下午2点时或妈又打来电话，说胡子拔了针跑出去了。医院也打来电话，说医生很生气。可怜的儿子和或妈，在大太阳底下跟着胡子不知走了多远。

最后我在奥体东门的一个网吧里找到了他们，胡子头戴耳机，坐在电脑前，今天的药没输，他也无法操作电脑，于是我就劝他回去。听到我的话，胡子头都不抬，手臂直接向我挥来。我迎上去一把将胳膊抱住，把他的头扭过来，看着他的眼睛说："我们必须马上回医院，必须配合治疗，否则医生说，就得把你绑在床上强行治疗。"这是医生在电话里告诉我的，我希望胡子能听懂我的话，配合治疗，不要走到那一步。

我必须让医生看到我能把病人控制住，我严肃地告诉胡了，他这样我很生气，我死也要把他弄回去。我将胡子按在椅子上不让他回到电脑前。他开始用脚踹我，又伸手抓我，可是伸过来弯曲的手指并没有在我的手臂上抓下去，然后他又要咬我，我躲开了。

看到胡子还有点儿理性，我将他抱离椅子，他一下躺到地上。我想我一定要赢，我一定要把他弄回去，否则我们将面临不可预知的后果。我开始拽着一条腿拖他，这样他就咬不到我，也抓不伤我，地是滑的，我成功地将他拖到门口，但却无法拖出门。一看，他曲着腿钩住了门框，我还是往外拖，并不断重复，心里只有一个念头，就是我们一定得回医院。

突然，他一下爬起来，飞快地向门口走去。通过一条可怕的临时楼梯下到一楼，非常危险，我们三人在后面紧紧拽着他。

后来我想，我可能太在意别人语言表达的内容，我只是按照一种刻板的观点把胡子套进去，而不是站在胡子的立场上去理解他。现在想起这一幕，我还特别愧疚，觉得自己如此不能怜悯，如此没有慈悲心。

胡子之后的情况是一天比一天狂躁，没有一天能顺利完成输液。看到治疗没有作用，小申也辞去了护工工作。脑脊液检查结果显示，胡子脊髓脱鞘，而且脑部仍有炎症。医生说阿昔洛韦只能输14天，但看胡子情况显然不够，并且说如果病情出现反复，治疗效果和恢复效果都不会像这次这样好了。

7月11日晚上芭学园的老师李娜来探望，胡子安排她第二天带摄像机来，拍下他的言行。第二天他问我这事，我搪塞说园里忙，还没等我把话说完，胡子便用脚狂蹬床头，他紧闭眼睛、猛力疯狂的样子吓坏了所有人，来看望他的人纷纷逃出病房。我按着他的腿说"吵到别的病人"，他听后蹬得更凶。我说"别弄掉针"，他马上用另一只手去拽输液管，我按住左臂，他就抬起右手用牙咬掉针管，光着脚跑了出去。

我飞快地拿起手提包追了出去，我只抱定一个念头，要保住胡子的生命。

胡子走到医院前的大马路上，伸手拦下一辆出租车，坐上后大喊要去育荣，那是芭学园的所在地，我当然不能让他去，于是给司机说了家里的地址。

将胡子顺利弄回家，我叫来妹夫帮忙。胡子平静地坐在沙发上抽烟，我赶紧进厨房打算弄些吃的。妹夫到厨房问我出了什么事，我俩正小声说着话，这时胡子冲进来就要抓菜刀，我死命挡着抽屉，妹夫扑上来抱着他。胡子反手一拳打在他脸上，妹夫也失去控制，将胡子按在地上，狠狠地给了他一拳。两人男人立刻扭打在一起，都疯了！

我大叫着，让妹夫放开手，他手刚松开，胡子一下冲到客厅的阳台，撕开窗纱就要跳楼。我冲过去紧紧抱住他的腰，示意儿子过来和我一起拉紧胡子，让妹夫离开。

当时情况混乱，仿佛进入世界末日，我根本顾不上感受。现在想想，那些经过深重苦难的人描述自己的经历，听者泣不成声，而他自己却没有眼泪。因为激烈的痛苦和灾难，会使人屏蔽自己的感受以防御当时的冲击和伤害。胡子后来恢复了很好的感受力，虽然大脑的功能比以前损失大半，但他的心灵却越发有光彩了。胡子恢复多年后，每当面对死亡和有人受伤的时候，我觉得自己的心麻木得像一层塑料一样，在这种情况下不知该怜悯的是谁，是胡子，还是我。

选择强行治疗

回到医院，胡子就疲惫不堪地睡着了。

因为医院已没有男护工，有人为我介绍了一个"黑"护工。胡子已近一天没有进食，我让新护工看着他，我去附近饭馆买饭。等我抱着饭走进大门时，看到病房门口围了很多人。看到我走来，人们都望向我，目光中带有同情，还有惊恐。

此时我只有一点可以肯定，那就是胡子还活着。只要能肯定这一点，别的我都不太害怕。反正每天都有无形的刀架在脖子上，但只要刀没落下，我们就有机会找到出路，能把事情往好的方向拉。每次发生的事情对我来说都是前所未有的糟糕，所以我不指望往后发生的事情会好一些，因为这样的希望会带来失望，而失望是我没资格承受的。

我大脑空白地走进病房，看到刚雇的护工靠在墙上。为了能用他，我跟医生撒谎说他是我的远房亲戚，这也是他出的主意。可就这么一会儿，他马上告诉护士，说自己不干了。护士质问我："不是说是你家亲戚吗，怎么说不干了？"我已顾不上理会这些，此时看到胡子坐在床上，一只脚踩着一把铁制椅子，眼神是那种可怕的疯狂。

医生叫我出去，告诉我打算绑起胡子，因为可能伤害别人和他自己。这时，已有十多个保安在走廊里做好了准备。

我转身又冲进病房，哀求胡子把椅子放下，躺在床上。胡子听了，一下瞪大眼睛，把我甩到了走廊上，把椅子也踢到我身上。我又冲了进去，他"咣咣"地在地上砸椅子。旁边病床上还有两个不能动的病人，他们的家人在紧紧地护着他们。最终不得已，我只能向医生点了一下头。

十几个保安立刻涌入房间，胡子环视着这些人，无助地坐在他们的包围圈中。胡子突然举起椅子朝自己的头砸去，可保安没有上前阻拦，我扑上去抓住椅子的两个腿，保安们这才动手将胡子按在了床上。

床的四周站满了保安，把胡子按得一动不动，胡子大声惨叫，人们像抓住一只野兽一样忙着找绳子，商量着怎样捆绑。我在旁边不断要求他们绑松一点儿，留出一点儿活动的空间。

不一会儿，麻醉科的医师过来了，在床边安装了麻醉泵，耐心地教护士们怎么使用，我反复问他们这么做会不会带来损伤？

他们说最低量是 4 个单位，如果情况紧急，可以快输，调节到 8 个单位。接着他们又给胡子注射了强镇静剂，刚拔出针头，胡子就睡着了，每呼吸一次，全身都抽搐一下，嘴巴大张着，可怕极了，也可怜极了。

那时，我根本不曾想起这个人是我老公，跟我在一个屋檐下生活了几十年，我有的只是对胡子如同被钉在十字架上受尽摧残的躯体无法言说的深深愧疚。

下午 5 点多时，芭学园的家长扁豆、玥玥爸、轶凡爸来看胡子。我让他们进来，事情已是如此，我不想让他们难受，就把他们赶走了。我不知道这样做的后果是什么，那是胡子得病以来我感到最痛苦和恐惧的一天。

黄昏里，我默然地回来坐在胡子床边休息了一下。没到 2 小时，胡子就醒了，挣扎着抬起头开始大喊大叫，叫过一阵就大哭，凄惨地呼唤爸爸妈妈。我只在他不叫时喂他一点儿水，他会猛地将水喷出。他恨死我了，因为他认为是我让保安捆的他。

胡子一直叫到晚上 10 点，同病房的病人可怜坏了。护士过一会儿就会推快一次，胡子就被麻倒，过一会儿又会挣扎着坐起来大叫。医生来看，说力量真大，麻醉药也不管用。

就这样整整过了一夜，直到第二天中午医生来查房时，我要求放了胡子，胡子几十小时滴水未进，嘴唇上沾满了黄色的黏膜。副主任坚决地说："谁敢放，如果再狂躁，怎么办？"

现在回想，我已完全忘了当时的心理状态。那时我下决心阻挡情绪，绝不让自己难过，不让自己哭，因为我知道人一哭就垮了，也许就再也撑不起来了，胡子只有我，几次可怕的病变都发生在我不在的时候，所以不能让自己倒下。

许多年之后，我通过努力学习，证明了一件事：一切情绪都是苦的，而且不解决问题。那时我虽然还不知道这一点，但是被逼着必须让自己没有情绪。现在想起，我还对胡子心怀感恩，他以这样激烈的方式帮我脱离以自我为中心。

再遇小段

主任来看胡子,说这怎么行,放了吧,全由着他来,他就没事了。这话对我而言简直就像天籁,赶紧解带子,其实我在之前已偷偷将所有带子松开了一些。

解开带子,胡子疯狂地下了床,将床上的东西全拉到地下,然后将床垫也拉下并翻过来。最后,他拖着硕大的床垫要出门。大家不知道他要干什么。担心胡子会被再绑,我用恳求的目光看着主任,希望能坚定他放胡子的信心,主任说:"随他,想干什么就干什么。"到现在我都为主任坚持这样的做法感动不已。

胡子将床垫拖到走廊,自己被床垫绊倒了,又急急忙忙地爬起,将床垫立起来背着,往卫生间走去。他上身穿着蓝条的病号服,下身只穿一条内裤,我们在后面偷偷帮他抬床垫,他像只蚂蚁一样急急地搬运。

到了卫生间，他又急急忙忙地把床垫竖在马桶边，自己坐在马桶上，床垫的一头弯下来盖在他身上，他也浑然不觉。解完手回去时，胡子又将床垫拖拽着弄回房间，检查一番后将它铺在床上，自己上去，躺下又起来，起来又躺下。

我理解胡子，他是被绑怕了，以为去完卫生间，我们会在床上做手脚，所以才背着床垫去卫生间。胡子脸色蜡黄，20多小时水米未进，一整夜的挣扎使他筋疲力尽。我试图再给他喂点儿水，他依然将水喷得老远。

看看实在没办法，我只好再去找护工。此时正好之前的护工小段还没找到工作，他每晚会混进病房，冒充家属把躺椅支在走廊里睡觉。等到晚上小段来时，我给他讲了胡子的情况，小段眼睛里含着泪水说："李老师，你不应该同意绑徐老师。那行吧，如果你觉得我行，我就试试。"

我说："胡了已经两天一夜没吃东西，你得先想法让他吃点东西。"

小段倒了水端到胡子床边，轻声说："徐老师，来先喝点儿水，咱们出去走走。"令我吃惊的是，胡子一下坐了起来，一口气喝完了那杯水，说："我不吃饭，我要死。"小段说："行，咱们出去走走吧。这里太热了。"胡子起来，摇晃着下了床，虚弱得无法站稳，小段扶着他，慢慢地向外走。医院怕出事，派了两名保安跟着。我也跟在后面，趁胡子不注意，在小段耳边说让他朝饭馆的方向走。

　　虽然虚弱到每一步都可能栽倒,可胡子还固执地走着。走近一个饭馆时,他却突然转身离开。我想起主任说的话:"不要劝他吃饭,越劝他越不吃。人无法抵抗自然。"这个自然是什么呢?是他脑子里当下的认知,是他遭受苦难之后,认为我和医生一起迫害他,这就是自然。

　　我在远处示意小段绕一个圈,到另一个饭馆,并悄悄告诉保安离远一点儿跟着。保安都顺从地离开,尽量躲在胡子看不见的地方,我相信每个人的身体里都装着一个博爱慈悲的灵魂,此刻保安的做法令我感动不已。我也尽可能躲在汽车后面、柱子后面、墙后面,不让胡子看到。

　　胡子像一个梦游者一样漫无目的地走着,小段不时调整一下他的方向。他们来到一个西瓜摊前,胡子指着西瓜,机灵的小段马上买了一个,并将胡子安顿在一个小凳子上坐下,飞快地切了一块西瓜递给胡子。这时两个保安也走到旁边,胡子自己竟不吃,非让小段给保安送去不可,保安推辞不了,蹲在那里吃,胡子这才开始狼吞虎咽地吃了起来。

　　我站在电线杆后面,偷偷地擦掉流出的眼泪,因为有这么好的小段,我可以让自己哭了,但我知道,一旦哭起来,我就会刹不住。我只好擦干眼泪,走上前,接过小段递过来的瓜吃了几口,这才抚平想哭的欲望。

其实我有一种苦尽甘来的感觉，因为胡子终于吃东西了，只要吃了东西，就暂时死不了。

吃了瓜，有了劲儿，小段带他继续朝饭馆的方向晃，我放心多了，离得更远一些。他们走向医院后门的一个四川小吃店，我赶紧藏在过道里，保安也躲进了门房。胡子终于坐在一张餐桌前，我看到小段开始点菜，胡子自己也指点着，灯光下，他指菜谱的样子就像1岁多的孩子，伸着一个指头，在每一种菜名上都点好几下。

我捂着嘴乐起来，已经晚上9点多了，胡子终于开始吃饭了。

转院风波

现在的情况是，胡子自从被绑后，就再也不想活了。他找各种机会去了结自己，说自己好不了了，我和小段不顾一切地看着他，一次一次地把他拉回来，每一次闯过来，都觉得他还活着就是幸运。

医院找来其他医院精神科医生会诊，医生说胡子属于器质性精神症，建议转院进行两周的强行治疗。

在医生询问我的意见时，因为担心会延误胡子脑炎的治疗，我同意了转院。医生们的意见出现了分歧，分成两派：一派以副主任医生为主，建议开单独房间，继续治疗，当然也是绑起来治疗；另一派主张干脆推出去，办理出院或转院。

胡子一听要转院，疯了一样地冲进值班室，拍案质问为什么，并把桌上的方案都掀到了地上，这大大增加了转走的可能性。

胡子被按在椅子上打了一针镇静剂。打完针后胡子跑了出去，小段跟在身后，最后胡子倒在车库的地上，小段把他抬到一辆出租车上，拉到了要转去的医院。

与此同时我们兵分两路，朗朗妈拿着资料去宣武医院找专家看片，玥玥妈拿着资料到协和医院挂专家号看片，最后两边看片意见一致，治疗方案没有错，但脑炎精神期病人需要强行治疗，的确有的需要绑两周，一般两周左右这种狂躁就会过去。

一下出租车，胡子一看到医院名字转头就走，小段都追不上。到高速路旁，胡子一头朝疾驰的汽车撞去，后面赶来的小段抓住了衣襟，紧紧抱住他说："为了你80多岁的老父亲，说什么也不能死。"胡子说自己没什么用了，也抵抗不了他们，不想活了。小段说："你连死都不怕，难道还怕换个医院。"胡子听了这话，转头看向小段，说："走。"

我跟玥玥妈、朗朗妈在医院办手续，并为胡子添了一个轮椅。住院部每层楼梯的两面都是走廊，走廊处有扇紧锁的大铁门。门打开后，我和小段用轮椅将可怜的胡子推了进去，但护士把我们拦在了门外。

我在门口看着胡子被推进去，每个病房的病人都出来看他，我的心很沉，难受的滋味无法用言语表达，小段也说"把徐老师送到这里太残忍了"。

我顿时有一种杀了人般的感觉，心里难过得如同翻江倒海，但我要克制情绪,因为一哭就会挺不住,那样医生来了,我就帮不到胡子。

第二天上午 10 点,医院打来电话,要求我们把病人转走,说胡子不是精神疾病,担心把病耽误了,并说他有生命危险。

我正在听新西兰华德福老师的讲座,马上把情况告诉了张春华,并找来了玥玥爸、轶凡爸、遥遥爸,几个人开车去解救胡子。说也奇怪,我心里不太恐惧,反而还有一点儿高兴,这种情况似乎是我所期望的结果,我恨不得立刻飞到病房,看看被我们娇惯的胡子,在陌生的病房里会变成什么样子。

等到冲进病房时,眼前的景象还是把我和小段惊呆了。胡子呈"大"字形躺在床上,胸部被用宽纱带紧紧地绑在床上,手和脚都被严丝合缝地绑在床的边框上。由于绑得太紧,手脚已经发紫并发肿。胡子脸色苍白,无助而忧伤地呻吟着,满身是汗。

我抱着胡子的头,他们飞快地为他松开胸部和手部的带子。胡子柔软地靠着我哭诉:"你们一走医生就挑衅我,我一反抗,就被他们绑了起来,不让我去卫生间,不给我水喝,我求他们,他们也不肯……"

这也许是胡子过于悲伤与愤怒的激烈言辞,我看到他手腕和脚踝部位有一道道被勒出的血印,有几处的皮也被勒破了。

有个医生过来说:"国家规定不能带有精神病症状的人回家。"我说:"他不是精神病人!我不能再送他去任何医院。"胡子一下床就拼尽全力向走廊尽头的大铁门冲去，拼命踢门。

不知从哪里冒出来几个身强力壮的男人抓着胡子，那个医生继续用和蔼的口气劝说着我们。我发狂地撕开所有抓着胡子的手，朝那些人大喊："请你们靠后，病人有任何问题都由我来负责。"他们被震住了，不再向前。

那个医生还是一直柔声地说："你必须给他转院，不能带回家，否则我们也负不起这个责任，他需要治疗。"

我依然坚持要把胡子带回家，最后医生说："那你们办出院手续吧，并写一份保证和证明。"我按照医生的要求，写下一份免责证明。看到胡子还在一张纸上写了四条控诉，他的样子就像是受过大刑的特工。

后来我发现医院给带回的药是治疗肺炎和脑炎的。记得临走时医生说还有一针，我坚定地说不打了，当时还以为是镇静剂。看了医院的用药，我多少有些感动，他们绑了胡子，但没有麻醉他，甚至连镇静剂都没用，这样可以避免大脑的再次受损。

现在我只担心带胡子走出那扇大门前再生变故，我咬着牙以谨慎、怀疑甚至粗暴的态度应对院方，可那里的医护人员态度出奇地好，我心中夹杂了不少自责。

当门打开，我们迈出的刹那，我深深地吸进一口气，好像这么长时间都未曾呼吸过。无论怎样，我知道，胡子在我身边，他被我带离了这里，这样无论如何我都不再害怕了。

我们把胡子放进遥遥爸的车里,向郊区行进。后来胡子说,那时他觉得自己随时会休克,饿得已快发疯,而实际情形是,他一直忍受着,一路上还跟我们聊着天。

胡子归来

黄昏时分，我们到了郊区农家院。胡子不停地走动，最后弓起身体，趴在床上凄惨地大哭了起来。

每到下午5点，在医院被绑的那个时间，胡子都会大哭，无论在车上还是在马路上。整整半个月，胡子都没在床上睡过觉，越困越要走，困得站不住，也要站在那儿打盹，醒过来再走。每天凌晨2点左右他都说自己心脏难受，非要上急救中心。到了急救中心，躺到心电图的床上，胡子就呼呼大睡。等做完心电图，他自己不好意思地说："都是妄想症害的，过去了就好了。"每次听他这样说，我都会落泪。

我曾先后在半夜、下午等各种时间带胡子打车到宣武医院，留在睡满病人的大厅里等待一夜，等第二天检查完又被医生赶回来，说已是恢复期，回家养吧。有的医生会告诉我们如果想住院就要采取其他措施，我不想胡子再像从前那样，就坚决带他回家。

后来，胡子经历了痛苦难熬的神经痛阶段、胃的疯狂饥饿感阶段，他还给好几个家长朋友打电话借钱，让小雨爸陪他购物，满足他疯狂购物的欲望。

可怜的小雨爸在周末还要加班的情况下，从上午9点到晚上10点，一直陪着胡子在宜家疯狂选购，胡子无论买什么都要选一整个系列，小雨爸就充当搬运工的角色。

购物风波过去，胡子又开始折腾房子，我最终顺了他的意。按照他的想法，胡子用两周时间把我们的家装饰得非常有特色。

一个偶然的机会，我和正在经受神经痛的胡子进入一个不起眼的中医诊所，那里有个姓王的医生，看了胡子的病案后，说："你们用我的药试试。"

看到在外面光着脚走路、痛苦哭泣的胡子，我答应试试。不想第一服药吃下去，胡子竟躺下睡了2小时；第二服药吃下去，胡子的神经就不那么痛了，而且开始吃饭；第三服药吃下去，汗也见少了……等吃到第六服，胡子已经唱着歌在小区的人行道上练骑自行车了。

胡子现在比生病前要可爱多了，虽然说话很慢，但非常幽默。每天我下班按响门铃，他就会蹲在电梯口举着我家小狗小白的爪子说："妈妈回来了。"如果做了错事，批评他，他马上愣在那里，想明白了就马上改，并能够深刻检讨。

那天他要开车，带他的司机师傅把车钥匙锁在车里了，李玲老师和园里的采购正要去园里检查正在做的木床，大伙儿一商量，怕胡子着急，就把他一起带到了幼儿园。

胡子看了小班的木床和院子特别高兴。到看大班时，他对李玲说木栏杆太细不结实，李玲说应该没事，都试过了。胡子急了，说我做给你看看，于是上了木床，几脚就把木栏杆踢断了。然后转过脸，说："为了不让你们因为省钱给孩子带来危险，我把这边也给推断。"他几下拆了木床，又把采购和李玲狠狠地批评了一顿。

晚上他得意地告诉了我他的"业绩"，我批评他，让家长们知道，会吓坏的，以为你有精神病，让孩子们发现，会以为你在搞破坏。他听了马上愣在那里，低下头回自己的房间，边说他再也不去芭学园了，一年都不去芭学园了。

胡子本来兴致很高地想去园里给孩子们拉二胡，和孩子们一起做陶艺，这都是他的长项。结果因为这件事，他的情绪一落千丈，再也不在芭学园露面了，其中包括他满心期待的毕业典礼。

事实上，也确实有些家长对他有些担心，怕他到芭学园会威胁自己孩子的安全。胡子伤心地躺在床上，说："我不会去的，我要去和家长在一起，给他们唱山歌，给他们拉二胡，我要告诉他们，我跟他们一样了，成了老小孩。让他们不必担心。我不会去芭学园，更不会伤害他们的孩子。"

说实话，在最艰难的日子里我也不曾流泪，但胡子现在的样子让我心酸，于是借着看一个抗战故事我哭了很久。

心中的暖流

　　小段又回来看护胡子时，带着他吃西瓜、吃饭，我在一个台阶上坐着，当时有一股暖流从心中涌出，想到很多人和事。

　　我想起胡子刚生病时，芭学园的家长柔柔妈就像关心自己孩子一样，急得团团转，每天去寻问她认识的各种人物，甚至还死缠烂打、软磨硬泡，把按摩大师请到医院，为胡子做按摩。胡子情绪好的那几天，家长朋友们商量好，严格地排班，一天来几个人陪护。

　　我又想起胡子被绑前，有时坐在床上，背靠着墙，笑眯眯的样子，像电影里的唯美镜头。

　　还有豆娃妈跟皮皮妈的趣事。豆娃妈带了一瓶臭豆腐，皮皮妈带了一箱王老吉。护工小申和胡子用馒头夹着臭豆腐吃，而我则嫌弃地躲在一旁。因为胡子爱上王老吉，还险些让医生误以为胡子变傻了。

一个人能穿越困难，是因为所有连接的人给予的支撑，或者说心里有这些温暖，才能度过过程的冰冷。

胡子的病好了，大家都说是一个奇迹，连医生也这样认为。

我要在这里列出一个感谢清单，包括医生、护士、护工、胡子自己、玥玥爸妈、张春华、小雨爸妈、扁豆两口子、六六爸妈、柔柔爸妈、朵朵爸妈、遥遥爸妈、叮当爸妈、朗朗爸妈、多多爸妈、轶凡爸妈、糯玉米、红泥、明琦爸妈、皮皮妈、豆娃妈、小螺号、美言妈妈、玉米妈妈和冰雪消融（她俩特地从珠海和重庆赶过来陪伴胡子）……这样介绍下去要没有尽头了，没列在感谢名单的只好抱歉打住。

还要特别感谢中医诊所的王医生、护工小申和小段，以及负责文字整理的阿秋妈妈（现在是我的秘书）。感谢胡子病重期间深切关爱胡子的李网核心成员和版主们，以及在帖子上给予我支持的众多网友，还有那些不敢贸然来探望的朋友和老师，每每想到他们，我就觉得空气中都充满了亲情。

胡子的病好了，有一天我打算去上班，看着坐在沙发上乖乖看电视的胡子，我觉得生活从未有过的充实，在我把背包甩上肩膀时还没有一点儿感觉，依然是信心满满，但是当门被打开，一只脚迈出去，另一只脚还在门里的一瞬间，我心里"忽"地漆黑一片，恐惧完全占据了我的心，于是另外一只脚就没有再迈出门槛。

我转身回到屋里,刚才还阳光灿烂的家,已经全部消失,胡子也没有进入我的视野,我突然觉得一切都没有意义,便坐在餐桌旁顺手从包里掏出本子,开始乱画,然后突然想从胡子得病第一天开始回顾。我就这样一边回顾一边写,写得天昏地暗,忘记了是否吃过饭喝过水,不知写了几天。当写完了胡子得病最后一天的情况时,我突然感觉饿了,起身吃了一顿饱饭,拿起包甩在肩上,去了芭学园。芭学园是最好的康复中心,用了一天的时间,到了晚上,我是看着星星、唱着歌回家的。

笔记写完了,我也休整好了自己。

第 14 章
卡通胡子的复盘

胡子与小学生合影
严隐鸿拍摄于 1991 年

"人塑"还是"天塑"

说起胡子的卡通故事,朋友们笑到后脑勺疼,但我跟胡子生活了一辈子,知道他不是笑星,在相声刚复兴的年代,胡子还没听过相声,小品似乎也是21世纪的产物。从1982年我跟胡子结婚,到2004年我们北漂,我家一直是文艺青年聚会的场所,聚会时最高潮的节目都是由我来讲胡子的故事,有的朋友把某些情节听过无数遍,待新朋友出现,老朋友依然是先做好笑的准备,然后劝我再把某某故事讲一遍,有时我讲漏了某个部分,老朋友会提醒说:"哎,那个甩头的动作没讲。"

每当这时,胡子也混在客人中,张着嘴巴兴趣盎然地听着自己的故事,就像在听别人的故事一样,我想胡子在事情发生的当下根本没有幽默过,某些部分我甚至是感到生气和痛苦的,但是过后,那些发生过的实实在在、不可思议的幽默故事,就像现在的小品相声一样，让朋友们乐了几十年，也许是朋友们的爱好练就了我讲故事的能力，差不多把我培养成了脱口秀演员。

笑完之后，我常常在想，胡子的行为为何会如此卡通？在没搞幼儿教育时我觉得他不负责任，不爱我，没有感受别人的痛苦的能力，不知养家过日子。后来我发现我美术学校里的一些孩子出现了问题，并对这些问题进行调查了解之后，才反应过来，胡子并非不负责任，不知道感受别人的痛苦，不会养家糊口。生活中遇到类似的"卡通"行为问题，其原因大多是源于双方当事人的态度，可胡子出现问题根源不是他不善良，不是心坏，不是态度恶劣，也不是世界观低级，而是他从小的养育环境出现了问题。为了证实这一点，我一连跑了五趟胡子的老家，去了解胡子到底经历了什么，使得他既才华横溢又笨拙无知。

当然，在胡子童年生活的地方，除了喜欢上了当地的民风民情，我并非一无所获。善良的村民，知道我是平平（胡子）的媳妇，都对胡子赞不绝口，连那些曾经骂胡子是陈世美的老奶奶，也笑眯眯地带着神秘的声音说胡子小时候是一个多么优秀的孩子。

去到胡子家我就不断以各种方式向婆婆、公公和姐姐打听胡子小时候的事情，试图找到胡子被错误养育的证据，我发现胡子在原生家庭里有着极其特殊的地位，家人无论长幼，只要一提起胡子就满脸自豪，我常常想，难道胡子那些笨拙无知的事情从来没有在这个家庭中发生过吗？

非但如此，胡子还是他们一家人的主心骨，无论嫁出去的姐姐还是已经结婚单独过的弟弟。有任何事情都要等胡子回来商量，有任何难题都要等胡子回来解决，甚至姐姐跟村里人吵架，都会打长途电话把胡子叫回去处理纠纷，胡子在那个世界里跟在我这个世界里完全是不一样的人。

这更加让我好奇得要命，所以把能够抠出来的胡子的成长过程都抠了个底朝天，一直到胡子病后，我自己也开始不断成长，每剥掉一层洋葱皮就能够对胡子多一分理解，通过不断的观察，我认为完全证实了我的一些猜想后，我简直被自己震撼到了，震撼之余就非常庆幸自己做了人格建构的教育。

原来胡子的"卡通"是由一系列元素在非常巧合的机缘之下形成的。

比如，他出生在一个军人家庭，父亲是老文化人，道德标准极高，又是纯粹的大西北人，在胡子出生前，已经有了两个姐姐，那时如果一对夫妇结婚后没有生出儿子来，绝对是一件愁人的大事，还好到了第三个终于是个儿子，也就是胡子的哥哥，但如前文所说，孩子在1岁左右夭折了，这个灾难性事件造就了胡子的"卡通"。

这个哥哥夭折1年后胡子出生，有了前面哥哥的事故，家人对胡子的小心可想而知，父母自不必多说，那两个失去小弟弟的姐姐，不知把胡子疼爱成什么样，灾难形成的应激反应，肯定使得他们会紧紧看护胡子。据我观察推测，胡子应该是被家人轮换抱到 2 岁左右，什么也不让他干，这就使得胡子缺少以自己身体的认知建立对事物的因果关系、永久客体、空间关系的基础概念，这个概念不是大脑思维的结果，而是无意识的潜意识反应。

这些常人不用训练和学习就能处理的问题，胡子却永远搞不懂，于是闹出很多笑话，可胡子的原生家庭生活非常简单，胡子可以不做任何家务，于是胡子这部分的缺失就一直没有得到弥补。

除此之外，其他的一切事情胡子都能处理得很好，如他 18 岁时完全靠自己的能力，把一家人的户口从贫困山区迁到了鱼米之乡的省会郊区；20 岁，他在没有任何关系，主要试卷零分的情况下，只靠第二试卷速写被师范学校破格录取；24 岁，他的兜里只有 80 元钱，只身一人走遍新疆去考察，并撰写了大量相当有水平的口述实录文学，多次在省里最高水准的文学杂志上发表，还有几次发了头条。

最后胡子被自己不擅长的事情打败了，因为他不擅长的正是生活范畴内的事情，这恰是大多数人所擅长的。这种挫败太多，使得胡子一直有要成功的冲动，于是更加想要干别人干不了的事情，但是这个世界上任何一个领域都有先行者，胡子每次发现一个目标，待第一脚踢出，博得所有人喝彩后，会在需要更长久耐心努力才能突破的中间地带失去耐心，于是目标再一次转移到新的项目上。胡子一直忙着，顾不上弥补基础生活的缺陷，于是胡子持续品尝着失败的滋味,它掩盖了胡子对自己擅长事务的认知。

在掩盖胡子的长处方面我充当了绝对的"刽子手",胡子可能因为我的不满和嘲笑才渐渐失去耐心,如果胡子娶了那个娃娃亲未婚妻,他也许会成为一个令自己骄傲的人,因为那个女人可能不会用不满来埋葬胡子的光彩。

如果能够早一点儿认清胡子童年发展的缺失是如何演变成他的人格缺陷的,我就会接纳胡子的缺陷,耐心陪他练习,使缺陷的影响在不知不觉中被减到最小;如果我能早一点儿认识到胡子的长项即是我的缺陷,我就不会那样自以为是地嘲笑胡子,而会爱惜他的优势,助他成功,让胡子为自己自豪,而不是几十年都在失败的阴影下挣扎,直到病倒。

这个世界上有很多生命,如果一条蚯蚓在某个下雨天不小心爬到了路上,我们是不是有可能把它捡起来扔进树丛,如果我们对一条蚯蚓都能如此宽容和慷慨,为何不能宽容我们身边那些不完美的人呢?如果我们能够以我们的力量去帮助一条蚯蚓,为何不能以自己的长项去帮助自己的先生呢?

在想通了这一切后,我想,教育最大的任务不是教授知识,而是建构人格,是帮助被教育者建构起一个让他们不易受伤害的人格特质和强人稳定的精神世界。

孩子有无限的可能性,如果当初胡子的父母和姐姐们了解儿童发展心理方面的常识,胡子就不会成为卡通胡子。胡子在制造各种卡通事件中经历了多少辛酸和痛苦,那是常人无法承受的生命分量,但愿天下父母都懂得,不要这样爱自己的孩子;但愿天下妻子都懂得,不要因丈夫不完美而扼杀了他们一生的辉煌。

骑着"红色狮子"的人们

前面我们提到人格，人们常会说金无足赤，人无完人，在某个当下我们都会宽容地对别人或对自己这样说，但是我们真的相信并认可他人的不完美，且不会因此让别人感到屈辱吗？

如果遇到了一个缺胳膊少腿的人，我们可能马上就接纳了，由于他们少了一部分身体，于是我们接纳他们的行动跟我们不同，但是如果一个人的人格缺了一部分，我们会惊呼道："他怎么可以这样？""我简直难以忍受。""我无法再跟他过下去了！"

我们应该认可，在人的物质身体里面装着的才是真正的人，所以我们只看他的物质体（外表）是无法真正认识一个人的，那么我真正认识、了解、理解这个人的标志到底是什么呢？

对物质体的识别只能算初步认识，而了解和理解指的是对一个人内涵的认识，人格的认识。

我们常常听到有人说"你可以杀了我，但是不许侮辱我的人格"。我总是对这句话充满敬意，因为人格就是我们本真的面貌，我们是一个什么样的人，不是由我们的长相决定的，而是由我们的人格决定的。人格就像我们将要走过一生的旅程的坐骑，将承载着我们翻山越岭走过一生的道路。

由此看来，家长生下孩子，起码要给这个孩子配备一匹有能力载着他走过一生的坐骑，所以在养育这匹坐骑时要非常认真地设计，看看要它具有哪些特质，比如善良、勇敢、勤劳、有同理心、有感受力、有抗挫折能力、有敬畏心、有质疑精神和解决问题的能力、有自律的能力、有学习能力、热爱学习和探索、有创造力、有想象力、有幽默感等。

设计好了蓝图，家长就要非常耐心地塑造孩子的这些人格特质，而这个工作依靠说教、抄写、问答完全不能达到目的，所以家长们必须学习为孩子养育这匹坐骑的方法。

这样，随着我们孩子物质身体一天天长大，他们的人格也慢慢形成，到人格建造完成的那一天，这个世界上就具有了一个有着闪闪发光人格的人，这种人会使接近他的人无不获益。

父母对孩子人格的培养，就像给孩子预备了一头美丽的红色狮子作为坐骑，这头红色狮子能使孩子完全胜任人生的任何状况，并且能够既利益自己，也利益他人。

我们无法培养出人格完美的孩子，但是至少我们可以尽可能地给我们的孩子预备一头红色的狮子，这是做父母的对人类最大的贡献，也是对孩子最大的爱。

　　胡子的卡通说明胡子没有一头这样的红色狮子，于是他才制造了那么多卡通故事，现在胡子已经是 60 多岁的人了，认识到这一点后，他开始努力学习，开始一点一滴、不厌其烦地了解那些生活基础常识，比如，熬稀饭时米和水的比例；吃剩下的馒头要装进保鲜袋放进冰箱，不能晾在那里；有事需要别人帮忙时先看看别人是否在忙；不要每 5 分钟喊一次儿子；在别人的行为使他不舒服时要用友好的态度说清楚而不是发脾气。胡子的精神令我感动，他并不因为自己已经过了大半辈子而不愿意改变，他说哪怕只能活一天他也要改变，因为他不想再让我们那样不舒服了，他是为了我们在改变。

　　如果年轻人能够了解这一点，能够把生活、工作、谈恋爱、养孩子都作为养育自己人格的狮子的过程，这样好人就会越来越多，坏人就会越来越少，自己也会越来越幸福，人类将会更美好。

胡子自己认可的成功

　　胡子在内心深处一直都不认为自己有什么成功之处，但其实除了我们办学校的早期，胡子一个人带着全国各地的粉丝做了一个非常具有专业热情、非常活跃的论坛，2007年胡子还策划了两部以我们的芭学园为蓝本的纪录片《小人国》和《成长的秘密》，这两部纪录片引来了大量媒体，使得李跃儿的芭学园被很多人喜爱，被很多幼教人士和家长追捧。可以说，没有胡子就没有芭学园，没有胡子就没有李跃儿。

　　我能够创办并管理这样一所培养孩子人格建构的学校，都得益于胡子从我们结婚以来对我的栽培，从蜜月开始胡子就对我进行交响乐欣赏、文学欣赏、绘画欣赏、中国传统文化与西方文化对比、中国传统哲学与西方现代哲学对比等方面的培养，也是在婚后，胡子发现，我跟他其实没有共同语言，我是老革命家庭出身，只知道努力工作，胡子家族算是书香门第，对文化极其敏感并且天赋深厚，加上自己努力钻研和中央美术学院史论系的进修，使得他在我面前简直能当博导，胡子的眼界要比我高得多，就像研究生与一年级小学生。可悲的是，研究生看小学一年级，一眼便知其所在位置，而小学生看研究生，以为研究生连自己都不如，于是胡子开始无意识地培养我成为能够跟他产生共鸣的人，在这一点上他兢兢业业、永无止息，于是表面看上去我没读多少书，但我的文化积淀却足够支持我去研究探索人格建构的儿童教育。

我领悟到这一点时，带着感恩跟胡子说："你看自己的成功看错了方向，我要用手掰着你的脸，把你的脸掰向我，你就会看到巨大的成功。"当我这样说时，胡子恍然大悟地大叫道："哎呀，我这辈子最成功的是娶到一个好老婆。"我一看这完全不是知己啊，于是朝他说："啊呸！不是这个意思。"胡子傻愣着不置可否。我接着说："你有没有看到，学院里的博士生导师，他们一辈子专门干培养精英的事，但是培养的成功率跟你比低多了，你的成功率是百分之百啊。"听我这样说，胡子笑喷，接着扑上来拧着我的鼻子说："搞了半天在夸你自己！"

我被胡子拧了鼻子，一边尖叫一边幸福着，心想这是真的，我真的不是在夸自己，真的是在夸胡子，因为每个人在社会中所做的事情都该利益于别人，每个人都靠利益别人获得生存机会，事业的成功不都是利益别人的成功吗？所以胡子是成功的，虽然他的绘画事业半途而废，他的写作事业半途而废，他的企业咨询师事业也半途而废，但是他缔造了芭学园的灵魂，缔造了一个可以做这种教育的人。同时他还执笔写了第一本我口述的畅销书《谁拿走了孩子的幸福》。他有心种的花没有如期开放，无心插的柳树却繁茂成荫，只是他一直习惯性地盯着那些没开放的花而已。

自此之后，胡子真就彻底幸福着，他说，现在是他一辈子最幸福的时刻，这样的日子过上一天死了都值得。

我们人类在文明发展的历程中，经历了多少第一次，经历了多少巨大的恐惧和灾难，如在1918~1919年暴发的西班牙流感，夺去了几千万人的生命，比持续了52个月的第一次世界大战死亡人数还多。

那时的人们，大概觉得这个病毒不会过去了，自己也许挺不过去了，但是现在看来，感冒还在，人类依然创造着世界文明，依然幸福或者不幸福地活着，感冒与人类共存。

我和胡子也是一样，在那些苦难和悲伤的日子里，自己不知道什么时候才能熬过去，甚至有时觉得自己的生命毫无价值，但是现在看来，那种苦难和忧伤只占据了生命的一小部分，最重要的是，如果没有那些磨难，我和胡子大概都不会感到现在是如此幸福。

鸟一样忙碌的胡子

云南的夜晚，天上的星星又多又大，胡子为了我在2017年一个人来到云南，在山村里找到一个农民的院子，从来没有干过装修的胡子，带着工人在那里一待就是半年，等春节后告诉我，你们俩来吧，我把你要的窝做好了。

在这里实现了我一辈子的梦想，房子在一面山坡上，前面是如桃花源一样的一方盆地，盆地对面是另一座青山，常有雨云从那面山上滑下，顺着坝子向我们滚滚而来，我们眼看着院子的外面下着雨，而我们头顶却没有雨滴，顷刻间大雨落下，一家人坐在屋檐下，嘻嘻哈哈评论着刚才的狼狈，看着院子里的草坪和花草变得娇翠如新。

胡子常常在夜晚坐在大门槛上看向远方，夜晚坝子的路灯和天上的星星合在一起，感觉我们成了夹肉饼，胡子会安静地坐很久很久，我依然在忙着做各种各样非做不可的事情。没有时间看山，没有时间看云，没有时间看星星和月亮，胡子不嫌弃我不看，只是有时觉得可惜，有一次他拼命劝说，我实在不好意思了，就跟他一起坐在门槛上，胡子说："你看那些路灯，再看天上的星星，还有我们门前开着花的梨树，多美啊！"我说："嗯，哎，胡子，为什么李友忠要在快手上拉二胡？"

胡子假哭道："哎呀，我怎么娶了一个这么不解风情的老婆。"然后胡子推我，说："去去去，干你的活去吧，简直是个驴子。"

浪漫、文艺、敏锐的胡子跟我这个木讷的劳动者和平共处，乐在其中。

我再也不会因为他在看星星我在刷桶而生气伤心抱怨，他再也不会因为我看到美丽的萤火虫，不在音乐声中好好感受，而是马上跑回屋里伏案画到睡觉而感到生气和失望。

物种之间本来不一样，人和人之间本来不一样，本来可以互不打扰、互相尊重、互相帮助、互相欣赏，使自己的生活美好而丰富，为什么要选择把对方改造成自己喜欢的模样，为什么要指责对方的不同，为什么觉得对方的困境就是活该呢？

说到这里我无比感恩胡子和我的导师们，导师们让我看到世界本来如此，所有的痛苦和灾难都是我自己的原因，与胡子毫无关系；胡子给我机会证明，导师们说的是对的，而且胡子给我当陪练，当磨刀石，让我在他身上犯了数不清的错误，他耐心地等待我慢慢醒来，慢慢改变，最后他包容了我所有的习惯和爱好，给了我绝对的自由，使我觉得自己真的活出来了。

每对夫妻都有不同的相处模式，如果爱着就不要轻言散伙，当夫妻携手越过了高山，穿过了泥塘，就会认识到最美好的爱情并不是热恋，而是学习如何坚持学习那些自己没有学会的生命课程；学习缔造更恒久的家常爱情；学习创造温馨的家庭生活模式；学习如何宽容对方、尊重对方、帮助对方、欣赏对方；学习理解和体验创造最美丽、最伟大的爱。

现在我可以安心地在自己舒服的小窝里宅着，可以拒绝胡子去梨花村的提议，可以不必担心胡子不高兴。看到胡子脸上一点儿不满都没有，吃了我为他预备的令他嗷嗷叫好的早餐，胡子出发了，我觉得这才是经典爱情。哪怕只有一天，也要如此去度过。

《谁拿走了孩子的幸福》畅销 20 年升级版

儿童教育家李跃儿 40 年爱育实践精华

用爱激发孩子的潜能，给孩子感受幸福的能力

儿童的心灵就像珍贵的艺术品，需要父母用心思、用灵魂好好感悟。爱得过多、爱错了方向，都会使孩子内心蒙尘。

本书是李跃儿 40 年来教育实践的精华，用一个个生动的案例阐释了如何培养有抗挫折力的孩子、如何培养孩子的共情能力、如何与孩子对话、如何识别孩子的焦虑和不安……

再多的技巧都终将回归于对孩子发自内心的欣赏和爱。如何智慧地爱，怎样在自己、在孩子心中培育爱，从而使爱形成不竭的循环，这是父母乃至整个社会需要探索的课题，本书将为其提供一种答案。

李跃儿 著
国际文化出版公司
定价：59.00 元

《培养男孩》

用情感连接的力量塑造男孩的人格

哈佛大学"Best for Boys"系列讲座

伯克利分校评为"2019 年最佳养育图书"

儿童教育专家李跃儿作序推荐

为那些关注男孩和青少年心理的人，提供前沿的神经学研究成果和心理学新理念，它将帮助每一位父母和老师成为男孩成长的最有效支持者，把男孩培养成懂自省、能共情，具备建立人际关系能力，能够应对现代生活挑战，具有更丰满人格的人。

作者通过 30 多年的丰富案例研究，挑战"男孩自然会成为男人"的传统观念，指出当下男孩成长面临的六大挑战：情绪风暴、适应学校、同龄交往、情感启蒙、运动损伤、霸凌与脆弱，为男孩健康成长和拥有完整人格提供指引，并扫清刻板印象的障碍。通过父母的情感连接，为孩子未来取得学业、事业和家庭的成功，打下最坚实的基础。

[美]迈克尔·C·莱克特 著
叶红婷 张婷 译
国际文化出版公司
定价：69.80 元

《目标感》

樊登 2022 推荐儿童发展心理学作品
权威心理学家讲透孩子的"理想教育"
影响世界的 50 位心理学家
《儿童心理学手册》（共 4 卷）总主编

　　为什么有些人的人生是成功而幸福的，有些人的人生却是充满波折和哀伤的，年轻人拥有未来不同人生轨迹的关键因素是什么？是卓越天资和优秀的学习能力？是父母的栽培和物质条件的给予？本书会告诉你：都不是！今天年轻人普遍缺乏心理动力的原因，是对目标感的认识不清。

　　在这样一个经济、文化、社会的不确定性变得越来越高的世界里，当前父母最紧迫的事情是帮助孩子获得积极的目标感，使他们能够跨越雷区——威胁他们这一代人的漂泊、迷茫、冷漠、焦虑、恐慌以及自我沉溺。

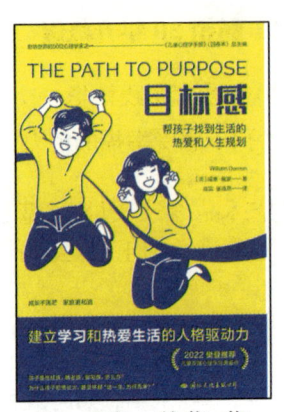

[美] 威廉·戴蒙 著
成实 张凌燕 译
国际文化出版公司
定价：56.00 元

《忙碌爸爸也能做好爸爸》

樊登私房藏书
再忙，也有办法多陪陪孩子
妈妈做再多，也无法替代爸爸的作用

　　父教缺失是当今，特别是城市家庭中的普遍现象。父教缺失最容易导致男孩终生"缺钙"：男孩变"娘"、懦弱，女孩产生不安全感等，会对孩子的性格造成不可逆的终生影响。

　　为此，作者以作研究的严谨态度，访问了超过 75 位爸爸及其家人。这些爸爸来自社会各个阶层，包括白领职员、企业高管（微软副总裁）、文体明星（国际著名导演梅尔·吉布森）、国家领导人（澳大利亚前总理）等，一起分享如何照顾孩子、如何在家庭与工作间找到平衡、如何与妻子相互协助、如何与孩子建立起亲密关系……

[澳] 布鲁斯·罗宾森 著
李菲 译
国际文化出版公司
定价：49.80 元

《儿童专注力培养方法》

国际脑神经学权威力作，融汇世界脑科学前沿成果

日本奥运冠军都在用的专注力培养方法

日文版上市三年，加印 30 次，风靡日本教育界

　　人们都想把孩子培养成注意力集中的人，这是因为注意力集中，是孩子学习知识和技能，并取得好成绩的一个重要因素。孩子具备了这个能力，在各种情况下都能发挥潜力，做到最好，长大后亦能大展宏图，亲手描绘自己的幸福人生。提高专注力，能使孩子在学习方面表现更加出色，在运动方面也能收到意想不到的效果。

　　本书是林成之教授关于儿童专注力发展研究的前沿成果，指出影响专注力的关键因素是情绪；并根据儿童大脑发育周期，提出了"0~3 岁：本能培养期""4~7 岁：习惯培养期""7~10 岁：自我成长期"的分期的孩童专注力培养方法，帮助家长科学地培养孩子的专注力。

[日] 林成之 著
解礼业 译
国际文化出版公司
定价：45.00 元

《哈柏露塔学习法》

大声发问，用力思考

犹太父母都在用的哈柏露塔高效学习法

犹太精英出类拔萃的秘密，就是传承三千八百年的"哈柏露塔"学习法

　　30% 的诺贝尔奖得主是犹太人；哈佛、耶鲁等常春藤名校，犹太人录取率高达 30%。犹太人如何打造学习奇迹？答案就在"哈柏露塔"。犹太人擅长协商，在金融、媒体、法律及经济领域能崭露头角，成为世界一流人才，就是因为，他们在家庭、学校与职场等不同场合，都通过"哈柏露塔"学习法培养各种能力。

　　"哈柏露塔"学习法将死背转变成讨论，将孤立式学习转变成沟通式学习，将枯燥的学习转变成愉快的学习，最终，将知识转变成思考、判断、沟通和创新的能力。

[韩] 全声洙 著
熊懿桦 译
国际文化出版公司
定价：49.80 元